초등학생을 위한 양자역학 3

- 슈뢰딩거의 고양이 -

초등학생을 위한 양자역학 3

- 슈뢰딩거의 고양이 -

기획 어린이과학동아

그림 홍승우 | 글 이억주 | 감수 최준곤(고려대학교 물리학과 교수)

해나무

머리말

안녕하세요, 어린이 여러분. 저는 만화가 홍승우입니다.
저는 어렸을 때부터 과학자를 존경해 왔습니다.
과학자들은 우리가 살고 있는 지구와 우주 만물이 어떻게 만들어졌고
어떤 법칙으로 작동하는가 하는 문제를 탐구했기 때문입니다.

여러분 앞에 사과가 하나 있다고 생각해 보세요.
사과를 반으로 쪼개고 그 반을 또 쪼개고 계속 쪼개다 보면 무엇이 나올까요?
바로 원자입니다. 원자는 이 세상의 모든 물질을 이루는 단위입니다.
양자역학은 원자같이 더 이상 쪼갤 수 없는 단위 안에서 벌어지는
물리 현상을 탐구합니다.

그토록 작고 작은 세계에 대해 궁금증과 의문을 갖기 시작한 건
먼 옛날 그리스 시대부터랍니다. 그때부터 지금까지 수천 년 동안
과학자들이 원자를 연구해 온 결과 지금은 원자 안에 무엇이 들어 있고
그것들이 어떻게 움직이는지 알고 있습니다. 하지만 아직도 더 알아내야 할
사실들이 남아 있죠.

이런 의문을 품은 과학자들은 누구였는지, 또 어떻게 연구를 해 왔는지
궁금하지 않나요? 그들의 발견 이야기와 원자 속 세계에서 작동하는
물리 법칙을 만화를 통해 배워 보세요. 이 책에서는 우리 이웃과도 같은
다운이 가족이 시간을 거스르며 원자 속 세상을 탐험합니다.

자, 그럼 만화 캐릭터들과 함께 어린이 여러분도 눈에 보이지 않는
가장 작은 세계로 들어올 준비되셨나요?
그럼 시작합니다!

홍승우(만화가)

여러분은 핸드폰이나 컴퓨터 없이 잘 살 수 있나요?
아마도 원시 시대로 돌아간 느낌일 것입니다.
오늘날 우리 생활을 편리하게 해 주는 여러 과학기술은 양자역학 덕분에 등장할 수 있었습니다. 특히 핸드폰과 컴퓨터에 적용되는 반도체의 원리도 양자역학으로 설명됩니다.

과학사에는 두 번의 '기적의 해'가 있어요.
첫 번째는 뉴턴이 만유인력 법칙과 운동 법칙을 발견하여
달과 사과의 움직임을 설명한 1666년이고,
두 번째는 아인슈타인이 빛과 전자의 성질에 대한
위대한 논문을 발표해서 양자역학의 기초를 다진 1905년입니다.
뉴턴의 운동 법칙은 눈으로 볼 수 있는 거시 세계를 설명하는 반면,
양자역학은 눈으로 볼 수 없는 미시 세계를 설명합니다.

양자역학을 모두 이해하는 것은 참으로 어려운 일이에요.
하지만 호기심을 갖는다면, 물질이 무엇으로 이루어져 있고,
그 물질 사이에서 어떤 일이 일어나는지를 살펴볼 수 있습니다.

호기심은 과학의 가장 큰 밑거름이에요.
이 책은 바로 그 호기심을 가지고 물질의 세계를 탐구한 과학자들의 이야기입니다. 고대 그리스의 철학자 데모크리토스부터 양자 순간 이동을 성공시킨 안톤 차일링거까지, 양자역학에 기여한 수많은 과학자들을 통해 여러분을 미시 세계로 안내하고자 합니다.

이억주(글 작가)

차례

양자역학의 세계,
궁금하지 않니?

이번에는 어디로
시간 이동 할까?

등장인물

정다운X김민서X믹스
호기심으로 똘똘 뭉친 삼총사.
시간 이동을 통해 함께 양자역학 대모험을 떠난다.

다운이 가족
누구보다
서로를 아끼는
따뜻한 가족.
함께 모이면 웃음이
끊이질 않는다.

정체불명의 방해꾼
시간 이동을 방해하는
수수께끼의 인물들.
그들의 정체는 과연 무엇일까?

엔리코 페르미
이탈리아의 물리학자
(1901~1954)

볼프강 파울리
오스트리아의 물리학자
(1900~1958)

베르너 하이젠베르크
독일의 물리학자
(1901~1976)

폴 디랙
영국의 물리학자
(1902~1984)

에르빈 슈뢰딩거
오스트리아의 물리학자
(1887~1961)

루이 드브로이
프랑스의 물리학자
(1892~1987)

마리 퀴리
폴란드의 물리학자
(1867~1934)

닐스 보어
덴마크의 물리학자 (1885~1962)

알베르트 아인슈타인
독일의 물리학자 (1879~1955)

막스 보른
독일의 물리학자 (1882~1970)

1화
장미와 코스모스
선생님, 다음에도 야외 수업 해요!
그래요. 잘 가요~.
와아
ㅋ
와, 예쁘다!
내가 좋아하는 장미!
찍어야지….
샥
찰…
칵!
엇, 정다운! 뭐 하는 거얏! 내 소중한 순간을…!
내 의지가 아냐….

흥, 흥, 흥
그래, 정 원하면 찍어 주마….
찰칵!
야, 이상한 표정 짓지 마….
으흐흐흐…!
꾹
꾹
지금 뭐 하는 거냐고!
까드득
확
어떠냐, 내 합성 실력!
악!
난 장미 별로야. 코스모스가 좋아.
그런 애가 왜 장미 사진 찍는데 얼굴을 들이댐?
그, 그건…!

어, 내가
좋아하는
코스모스다!
내가 이 꽃을
좋아하는 이유는…
이름이 우주(cosmos)를
뜻하기 때문이야.
그게 뭐
어쨌는데?
난 커서 우주의
비밀을 밝히는
과학자가
될 거니깐!
너, 이 꽃이
어떻게
분류되는지
알아?
엥?
모, 모르는데….
떡잎이
두 장 있는
쌍떡잎식물…
샤샤방
그중
국화과에
속해….
그런 것도
모르면서 우주의
비밀을 밝힐 수나
있겠니?
꽃 분류랑
우주가 뭔
상관이야!
웩!

봄에 싹이 나고 겨울이 오기 전에 시드는 한해살이 식물이지….
우주랑 뭔 상관이냐고!
샤방~.
난 반드시 식물학자가 될 거야!
앗 따거
콕
식물학자가 돼서 식물의 우주를 연구할 거라고!
그러시든지 말든지~.
아함~
코스모스에는 아름다운 전설이 있어.
아주아주 먼 옛날, 신이 세상을 만들었어. 그런데 다 만들고 보니 세상이 좀 삭막해 보였다고 해.
뭔가… 허전해.

그래서 신은 세상을 아름답게 꾸미기 위해 꽃을 만들기로 했지.
신이 사람같이 생겼다 치고!
낑
낑
그런데 처음 해 보는 일이라 잘 안됐나 봐.
줄기가 너무 가늘어!
휙
휙
색도 마음에 안 들어!
그렇게 여러 가지 색으로 만든 꽃이 바로 코스모스야.
신이 만든 수많은 꽃들 중 마지막 작품은 바로 국화였어.
휴~!
국화는 쌍떡잎식물 가운데 가장 고등한 식물이야.
엣헴!
와~
코스모스도 국화과 식물!
우리는 한 가족!

국화과 식물은
식물 우주의 처음과 끝을
이룬다고 할 수 있지.
와, 굉장히
깊은 의미가
숨어 있었네?
음~, 만약 내게
여자 친구가 생기면
각자 좋아하는 꽃을
묶어 선물해야지~.
샤방
꺼으꺼으!
부들부들
네가 여~친~?
지금 개그하니?
예를 들면 장미와
코스모스를
결합한다든지….
장미…? 그건 내가
좋아하는 꽃이잖아?
주욱

!
이웃집의 아름다운 릴리!
!
헥 헥
릴리, 오랜만이야! 음~, 일단 코 인사를 먼저~.
믹스, 잘 있었어?
슥 슥
쏴아아
왈! 왈! 왈!
캬르르르르르! (왜! 왜! 왜! 하필! 왜! 지금이냐고!)
왈 왈!!
촤아악
짜증 내는 걸 보니 즐거운 일을 하다가 왔나 보군.
내 탓 아니거든

과학자에게 물건을 받으면 시간 이동이 끝나.
시간 이동이 시작되는 이유만 알아내면 돼….
1939년 미국 컬럼비아 대학교 엔리코 페르미 교수 연구실
엥? 너희들은 예전에 로마 대학교에서 만났던….
어, 페르미 교수님을 또? 게다가 우릴 기억해?
페르미파 솔라시도~.
미국에는 어쩐 일이니?
미국? 이탈리아가 아니라?
난 전쟁 때문에 이탈리아에서 연구하기가 너무 힘들어서 그날 이후 바로 미국으로 망명했단다.
아… 그랬구나

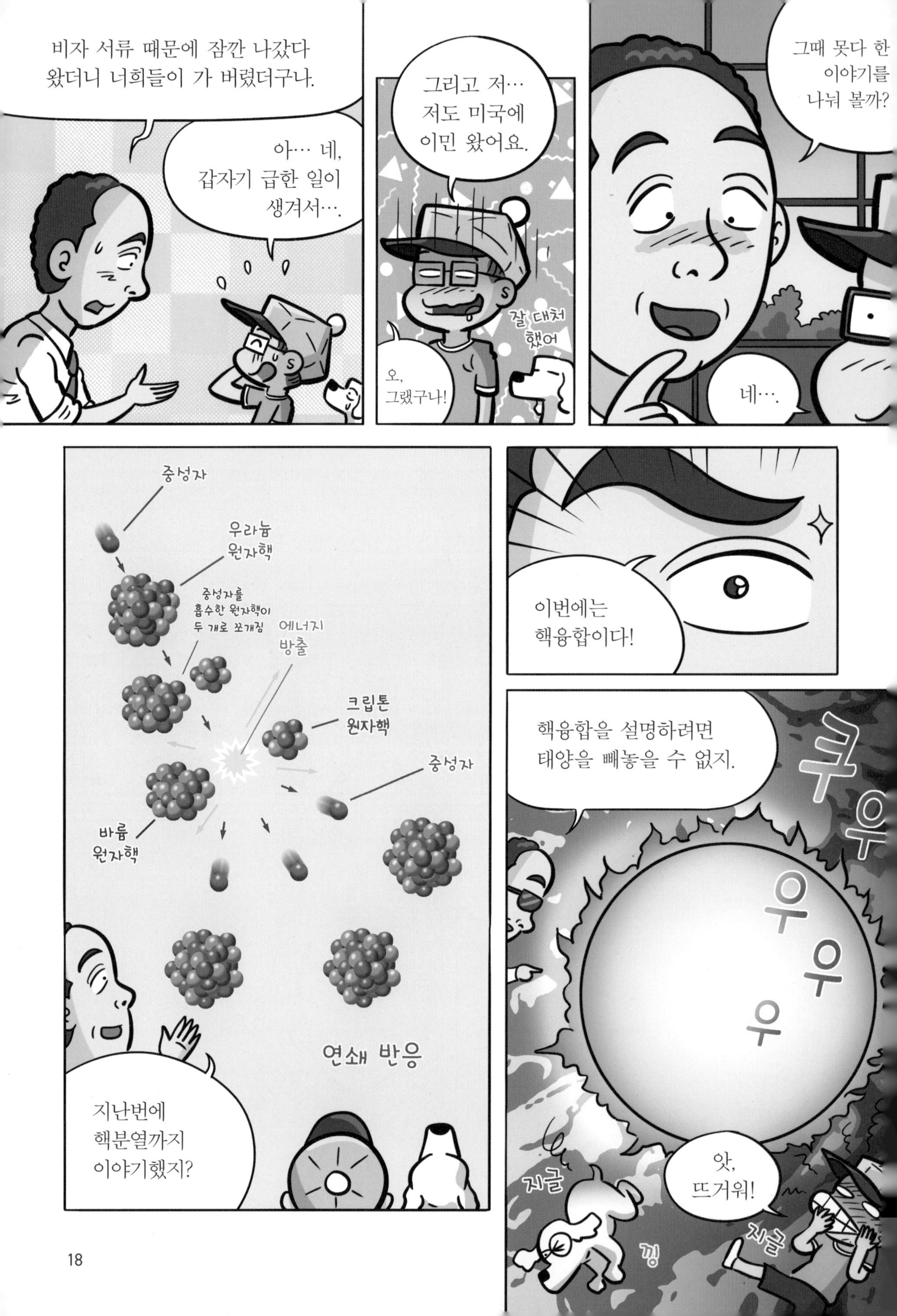
비자 서류 때문에 잠깐 나갔다
왔더니 너희들이 가 버렸더구나.
아… 네,
갑자기 급한 일이
생겨서….
그리고 저…
저도 미국에
이민 왔어요.
오,
그랬구나!
잘 대처
했어
그때 못다 한
이야기를
나눠 볼까?
네….
지난번에
핵분열까지
이야기했지?
중성자
우라늄
원자핵
중성자를
흡수한 원자핵이
두 개로 쪼개짐
에너지
방출
크립톤
원자핵
중성자
바륨
원자핵
연쇄 반응
이번에는
핵융합이다!
핵융합을 설명하려면
태양을 빼놓을 수 없지.
쿠우
우우
우
앗,
뜨거워!
지글
지글
낑

태양은 수소들이 끊임없이 핵융합하는 어마어마하게 큰 공장이거든.
합! 합! 융합! 힙합!
Yo! 체키라웃!
팍
수소의 원자핵끼리 합쳐진다는 거죠?
그래.
태양에서 일어나는 수소 핵융합은 한스 베테라는 독일 물리학자가 밝혀냈지.
베테 교수도 나보다 1년 먼저 이곳, 미국으로 망명했단다.
쟁 때문에 많은 학자들이 망명했구나.
베테 교수는 수소 원자핵, 즉 양성자끼리 결합할 수 있을 거라 생각했어.
어?

양성자들은 양전하(+)를 갖고 있어서 서로 반발하잖아요.
팍
보통은 그렇지만 태양처럼 온도와 압력이 아주 높은 곳에서는
양성자끼리 결합할 수 있단다.
쿠오오
오! 된다
태양 내부에서 수소 원자핵인 양성자들이 강한 반발력을 이기고 서로 아주 가까이 다가가면…
하지 마!!
우웅~
강력의 작용 덕분에 결국 결합해서 헬륨 원자핵으로 변한다는 사실을 알아냈지.
뽀뽀
악
나, 헬륨!
너랑 나랑 매번 티격태격 반발하지만
이젠 뗄 수 없는 관계가 되어 버렸지~.
헉!
콱
마치 헬륨처럼….
끼이잉~, 우끼잉~. (숨 막혀… 이거 놔….)

다운아, 보고 싶어.
혹시 민서와도 언젠가 갑자기 친해지는 건 아닐까?
으악, 말도 안 돼!
뭐가? 핵융합이?
아녜요 아무것도…
좀 더 자세히 살펴보자.
태양 내부에서 수소 원자핵, 즉 양성자들이 서로 만나면
+
+
양성자
양성자
양전하를 띠는 양전자가 빠져나오면서 양성자 하나가 중성자로 바뀌게 돼.
이걸 중수소 핵이라고 불러.
+
양성자
중성자
워메!
이 중수소핵이 또 양성자와 결합하면 어떻게 될까?
양성자 중성자
양성자
일반적인 헬륨보다 가벼운 헬륨의 원자핵이 만들어진단다.
이런 걸 '동위원소'*라고 불러.
* 종류는 같아도 중성자의 수가 다른 원자들을 동위원소라고 한다.

동위원소인 가벼운 헬륨
두 개가 또 결합하면?

양성자 두 개가 떨어져 나가면서
비로소 완전한 헬륨 원자핵이 되는 거야!
완전체!

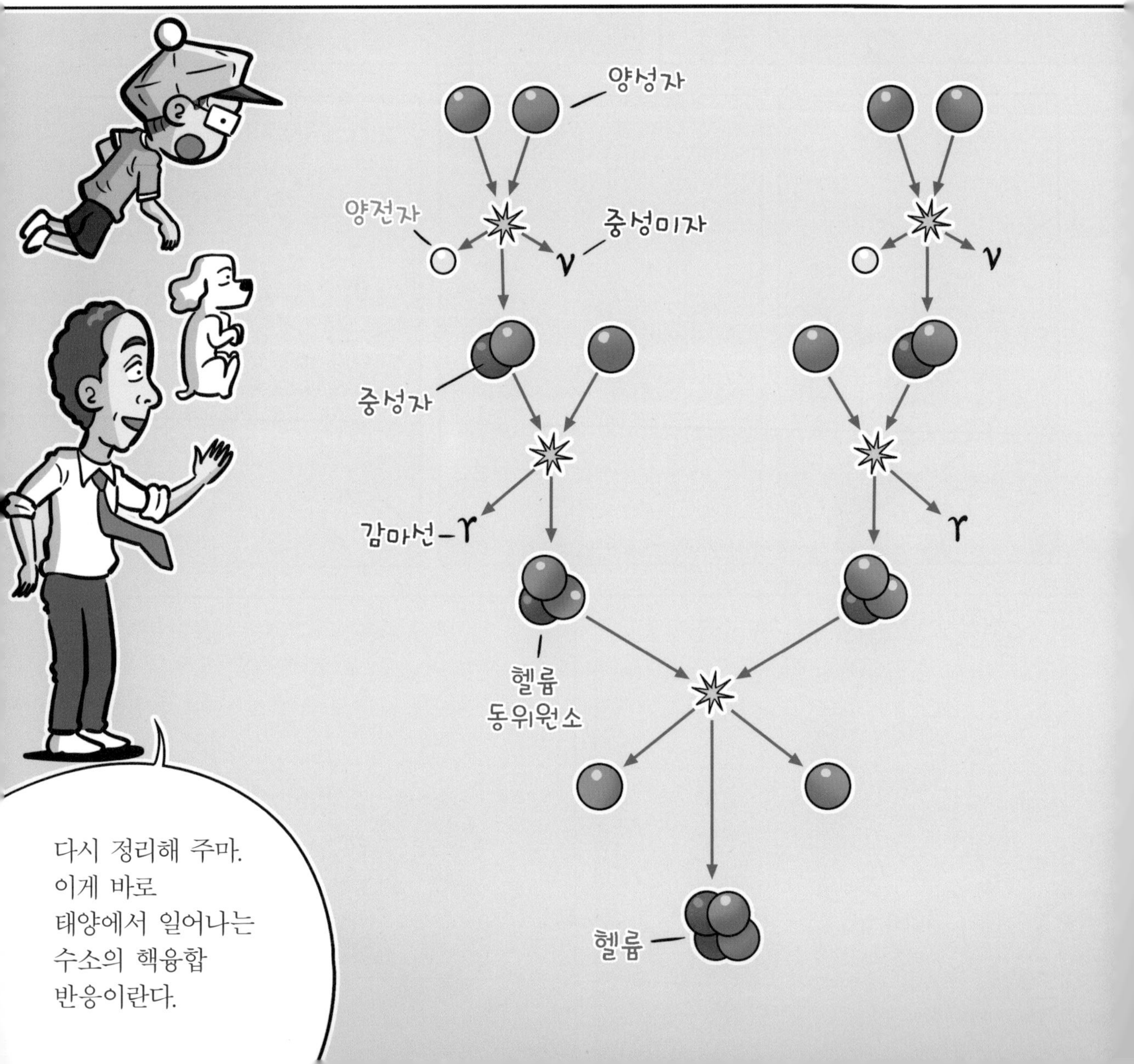
양성자
양전자
중성미자
ν
ν
중성자
감마선
γ
γ
헬륨
동위원소
헬륨
다시 정리해 주마.
이게 바로
태양에서 일어나는
수소의 핵융합
반응이란다.

태양에서 이런 핵융합 반응이 연속적으로 일어난다고요?
어마어마하게 많이!
태양에 있는 수소가 다 떨어지면 어쩌죠?
돈 다 떨어지면…
탈탈
그럼 남아 있는 헬륨끼리 다시 핵융합을 일으킬 거야.
하지만 태양에는 아직도 수소가 70%가 넘게 남아 있단다.
45억 년 동안 30% 쓴 거야~
70% 수소
수소 떨어질 일은 없겠네
핵융합도 핵분열처럼 에너지를 만드는구나!
ν
주기율표 1번!
H
세상에서 가장 작은 원소인 수소가…

화악
태양 에너지라는 엄청난 에너지를 만든다니, 정말 신기해!
핵분열이든, 핵융합이든 잘만 이용하면…
인류에게 큰 도움이 될 거다!
나쁜 사람들 때문에 그렇지 않게 돼요… 흑흑!
쾅
표정이 왜 그러니? 몸이 안 좋니?
아무것도 아니에요….
잠깐만 기다려 보거라.
!

베테 교수의 사진이란다. 별이 빛나는 이유를 처음으로 알아낸 사람이니 기억해 두면 좋을 거야.
페르미 교수님이 또 뭔가를 주고 있어!
지금까지 만난 과학자들이 그랬듯!
이걸 받으면… 내가 살던 현재로 돌아가겠지?
빨리 받아! 릴리를 만나고 싶다고!
아, 알았어. 받을게!
으르르
슥
역시! 내 예상이 확실해졌어!
주욱

과학자들에게 받은 물건을
잘 모아 놔야지!
시간 이동의 비밀을
더 알아낼 수 있을지도 몰라!
촤 카 라리라
왈랄랄랄라~♥
(릴리, 기다려~♥)
장미만 제대로
찍으면 되니까
제발 방해하지
말아 줘.
샥
또! 또! 또!
정다운!
내 의지가
아니라고!
너 자꾸 이러는 거
보니, 혹시…
음냐
나
좋아하는 거
아냐?

아·니·거·든~!
벌떡
…….
그런데 왜 자꾸 사진 찍을 때마다 얼굴을 들이미는 거야?
관심받고 싶어서잖아~.
그게 아니라 시간 이동 때문에….
!
헉!
잠깐, 정다운. 너 지금… 시간 이동이라고 했어?
아, 아냐! 시간이 참 빠르게 간다고!
너, 예전부터 좀 이상했어….
뭐, 뭐가?
가끔씩 혼이 빠져 있는 것 같기도 하고, 헛소리도 하고….
!

너, 뭔가 숨기고 있지?
이런! 내 비밀을 눈치챈 건가?
깜짝!
그래! 까짓것 말해 버리지, 뭐. 나 혼자 전전긍긍할 수도 없잖아!
그래, 다 털어놓을게.
!
난 시간 이동을 할 수 있어!
시간 이동을 하고 오면 한동안 정신이 혼미해지거든.
그래서 헛소리를 하는 거야….
…….

까르르르
야! 네가 무슨 만화 주인공이야? 시간 이도오옹? 우와, 세상에!
비웃지 마! 진짜라고!
그럼 어디, 지금 당장 시간 이동 해 봐.
지, 지금?
시, 시간 이동은 내 맘대로 할 수 있는 게 아냐….
시간 이동을 하긴 하는데 어떻게 하는지 모른다고?
너한테 관심 요만큼도 없거든!
그 정도로는 내 관심을 끌 수 없을걸
거짓말 아니라고!
으이그, 널 설득하느니 차라리 장미와 코스모스를 융합시키는 게 빠르겠다!
주욱
오옷!

아, 또 뭐야~!
연속 시간 이동이라니!
콰아아
해탈의 경지
2화
동지가 늘었어요!
산은 산이요,
물은 물이로다….
시간 이동을 왜 또 하는 건데?
뭐 때문에 그런 건데? 응? 응?
끄응~!
어? 믹스… 네 등판이 원래 이렇게 넓었니?
헬스 다녀?
무거워 …
네 밑에 나 있다….
덜덜
헐, 페르미 교수님!

화장실 다녀온 사이에 훌쩍 가 버렸나 했더니…
!
천장에서 떨어질 줄은 또 몰랐구나….
천장… 에서요?
왜 하필 내가 먼저 떨어져 가지고…
벌떡
너희들, 도대체 정체가 뭐냐?
!
그건 시간 이동을 하기 때….
!
콱
무우우운이 아니고오오오! 저흰 곡예 연습을 하거든요! 서커스 스타가 되고 싶어서!
콰악
발설하지 말라고
뭐… 석연치는 않다만 믿어 주마.
휴~

어쨌든 난
지금 나가 봐야 해서
너희와 긴 이야기를
나눌 수 없단다.
다음에 또
놀러 오거라.
엇!
펜이…
그래,
어디 한번…!
파
팟
캬아앙~!
(뭐 하는 거야, 정다운!)
쓱
거봐,
거봐!

좌아악
완전히 확실해졌어!
역시… 현재로 돌아왔다….
왈왈!
도둑질을 하면 어떻게 해?
화내지 마~. 현재로 돌아오려면 어쩔 수 없었다고!
아… 맞다… 잘했어
시간 이동 횟수가 점점 늘어나는 것 같아….
게다가 난 릴리와 미팅하고 있었는데… 왜 이리로 온 거냐고!
탈탈
돌아오는 방법을 알아낸 것만으로 만족해야지, 흑!
아… 릴리… 보고 시포~
흑흑
이제 시간 이동이 시작되는 이유만 찾으면 되는데…
내가 시간 이동 직전에 대체 뭘 했더라….
뿡

거짓말 아니라고!
!
으이그, 널 설득하느니 차라리 장미와 코스모스를 융합시키는 게 빠르겠다!
서…
설마…?
그로부터 5분 전
으이그, 널 설득하느니!
췟! 내가 좋으면 좋다고 할 것이지, 유치하기는….
…….
?!

샥
차라리 장미와 코스모스를 융합시키는 게 빠르겠다!
샤샤샥
뭐, 뭐야! 지금 무슨 일이 일어난 거야?
다운이의 자세가 순식간에 바뀌었어!
두둥
게다가 저 개는 어디서 나타난 거야?
수상해… 쟤네들 정말 수상해…!
며칠 후

정다운.
왜?
네가 예전에 말한 그 시간 이동… 진짜야?
이제 와서 뭘 또 물어? 안 믿는다며? 관심을 끌려고 그런 거라며?
아니, 그게 아니고!
내가 뭔가를 본 것 같아서… 그러니까 야외 수업 날…
보긴 뭘 봐~. 내가 시간 이동 하는 거?
왕 비아 냥
뻥입니다요! 김민서 님께서 하신 말씀처럼 제가 제정신이 아니거든요~?
헐

야! 내가 지금 진심으로 이야기하는데, 좀 들어 주면 안 되냐!
내가 진심으로 이야기할 땐 귓등으로도 안 듣더니!
지금이라도 관심 좀 가지면 안 되냐?
관심이래….
…….
…….
봐, 내 말 맞지? 재네들 사귄다니까~.
정다운! 김민서! 복도에 나가 있어요!
콰 르

이제야
시간 이동을 믿다니!
그게… 네가
과학을 잘하는 이유도
그것 때문인 것 같고….
좋아,
그럼 제대로
알려 줄게.
꿀꺽.
합체!
깜
짝
탁
…….
…….
지금
뭐 하는 거얏!
꽥!
파욱
꺄악!
퍽

이 변태! 송충이! 우렁쉥이 같은!
끙…!
역시… 시간 이동 같은 건 다 뻥이었어.
그런 말을 믿은 내가 바보지….
벌떡
좋아! 이왕 망가진 거 끝까지 해 보자!
다다다
정다운과 김민서, 합! 체!
팍
봐! 내 말이 맞지?
촤악
아아아아악! 이게 뭐야!

1924년 독일 함부르크 대학교
환영해… 이런 일은 처음이지?
시간 이동… 진짜였어….
너, 믹스랬지? 너도 시간 이동 해?
나도 그게 의문이야. 나 같은 엑스트라는 시간 이동에서 좀 빼 줘!
하여간 드디어 시간 이동을 하는 방법을 알아냈어.
탁 탁
뭐, 드디어?
그럼 너도 시간 이동 초보인 거야?
아니거든? 난 프로거든?
나 참, 시간이동에 프로, 아마추어를 따지다니…
근데 여긴 어디지?
휙
내 말 좀 들어 봐!

초등학생을 위한 양자역학 ③

과학자 캐릭터 카드

존 스트럿

21

영국의 물리학자(1842~1919)
파장이 짧을수록 빛이 잘 산란된다는 '빛의 산란 이론'으로 하늘이 파란색인 이유를 설명했다.

점수	
2300	22번 영 카드와 조합 가능

엔리코 페르미

23

이탈리아의 물리학자(1901~1954)
우라늄 원자핵이 중성자를 흡수해 다른 원자핵으로 쪼개지는 '핵분열' 현상을 연구했다.

점수	
3500	30번 핵분열 카드와 조합 가능

볼프강 파울리

24

오스트리아의 물리학자(1900~1958)
'배타 원리'를 발견했다. 이 원리를 토대로 원자 속 전자들이 원자핵 가까이에서 뭉치지 않고 넓게 퍼져 있는 이유를 설명했다.

점수	
3200	25번 하이젠베르크 카드와 조합 가능

토머스 영

22

영국의 물리학자(1773~1829)
두 개의 슬릿을 통과한 빛이 스크린에 밝고 어두운 무늬를 번갈아 만들어 내는 현상을 관찰했다. 이 실험을 바탕으로 빛이 파동이라고 주장했다.

점수	
2900	21번 스트럿 카드와 조합 가능

베르너 하이젠베르크

25

독일의 물리학자(1901~1976)
전자의 위치와 속도를 동시에 정확히 알 수 없다는 '불확정성의 원리'를 발견했다.

점수	
3100	24번 파울리 카드와 조합 가능

KC마크는 이 제품이 공통안전기준에 적합하였음을 의미합니다.
어린이제품 안전특별법에 의한 기타표시사항
제품명 과학자 캐릭터 카드 | 제조자명 (주)북하우스 퍼블리셔스 | 전화번호 02-3144-3123
주소 04043 서울시 마포구 양화로 12길 16-9(서교동 북앤빌딩) | 제조년월 2024년 6월 1일 | 사용 연령 11세 이상

초등학생을 위한
양자역학

초등학생을 위한
양자역학

초등학생을 위한
양자역학

초등학생을 위한
양자역학

초등학생을 위한
양자역학

초등학생을 위한 양자역학 3

과학자 캐릭터 카드

폴 디랙

26

영국의 물리학자(1902~1984)
슈뢰딩거의 파동 방정식과 아인슈타인의 상대성 이론을 결합한 '디랙 방정식'을 만들었다. 이 방정식을 푼 결과를 바탕으로 '반물질'을 예측했다.

점수 2800

28번 퀴리 카드와 조합 가능

마리 퀴리

28

폴란드의 물리학자(1867~1934)
폴로늄과 라듐이라는 방사성 원소를 발견하여 방사능 연구의 발전에 크게 기여했다. 여성 최초로 노벨상을 수상했다.

점수 5000

26번 디랙 카드와 조합 가능

슈뢰딩거의 고양이

29

양자역학의 불완전함을 주장하기 위해 제안된 사고 실험
슈뢰딩거는 양자역학의 확률적 해석에 반대하기 위해, 독극물과 함께 상자 속에 들어 있는 고양이에 대한 사고 실험을 제안했다.

점수 1500

27번 슈뢰딩거 카드와 조합 가능

에르빈 슈뢰딩거

27

오스트리아의 물리학자(1887~1961)
전자의 상태를 알려 주는 '파동 방정식'을 발견하여 양자역학의 발전에 크게 기여했다. 확률로 해석하는 양자역학의 불완전함을 증명하기 위해 고양이 사고 실험을 제안했다.

점수 3500

29번 슈뢰딩거의 고양이 카드와 조합 가능

핵분열

30

원자핵 하나가 더 가벼운 원자핵 여러 개로 쪼개지는 현상
원자핵이 핵분열하면 더 가벼운 원자핵들로 쪼개지면서 엄청난 양의 에너지가 나온다. 이 에너지를 사용하는 무기가 바로 원자 폭탄이다.

점수 700

23번 페르미 카드와 조합 가능

KC마크는 이 제품이 공통안전기준에 적합하였음을 의미합니다.
어린이제품 안전특별법에 의한 기타표시사항
제품명 과학자 캐릭터 카드 | 제조자명 (주)북하우스 퍼블리셔스 | 전화번호 02-3144-3123
주소 04043 서울시 마포구 양화로 12길 16-9(서교동 북앤빌딩) | 제조년월 2024년 6월 1일 | 사용 연령 11세 이상

초등학생을 위한
양자역학

초등학생을 위한
양자역학

초등학생을 위한
양자역학

초등학생을 위한
양자역학

초등학생을 위한
양자역학

쿵
너희들은 누구니?
!
professor Wolfgang Pauli
끼익
볼프강 파울리…?
그래, 그게 내 이름이란다. 너희들은 어디에서 온 아이들이니?
저희는 방금 시간 이동을, 읍!
퍽
저, 저희는 학교에서 자료를 찾다가 여기로 오게 됐어요!
켁켁! 더러워! 찝찝해!
무슨 자료?
원자의 구조요!
에 퉤 퉤!

아니, 너희 같은 아이들이 원자에 대해 알고 있다고?
그럼요~. 1803년 영국의 물리학자 돌턴이 물질은 '더 이상 쪼개질 수 없는 입자'로 이루어졌다는 원자설을 발표했잖아요.
오호라!
이것도 시간 이동 해서 배운 거야?
끄덕
하지만 1897년 영국의 물리학자 톰슨은….
원자 속에 전자가 있다는 사실을 알아냈죠!
그래, 톰슨은 전자가 마치 건포도처럼 원자 속에 박혀 있다고 생각했어.
양전하
전자

1911년 뉴질랜드의 물리학자 러더퍼드도….
진공 상자
금박
알파 입자 발생 장치
알파 입자 산란 실험으로 원자핵을 발견했고요~.
알파 입자는 헬륨의….
원자핵이죠!
짝짜꿍
죽이 아주 잘 맞는군….
하하
그 뒤 러더퍼드는 새로운 원자 모형을 만들었지!
하 하 하
그런데… 이 모형에도 허점이 있었죠.
헉!
미끌

맞아, 그 모형대로라면 전자가 원자핵과 충돌해야 하는데 실제로는 그렇지 않다는 걸 설명하지 못했어.
이리 와!
전자
팍
원자핵
이때 닐스 보어가 등장하지요~.
그래, 덴마크의 물리학자 닐스 보어는 전자가 원자핵 주위를 돌되, 돌 수 있는 궤도가 정해져 있다고 생각했어.
원자핵
전자
전자
원자핵
전자가 한 궤도에서 다른 궤도로 이동하면 그 에너지 차이에 알맞은 빛이 나오지.
전자
에너지
팍
원자핵
* 1나노미터(nm)는 10억 분의 1미터(m)이
410nm
434nm
486nm
656nm
그래서 수소 원자의 스펙트럼이 띄엄띄엄한 선처럼 생긴 거고요.

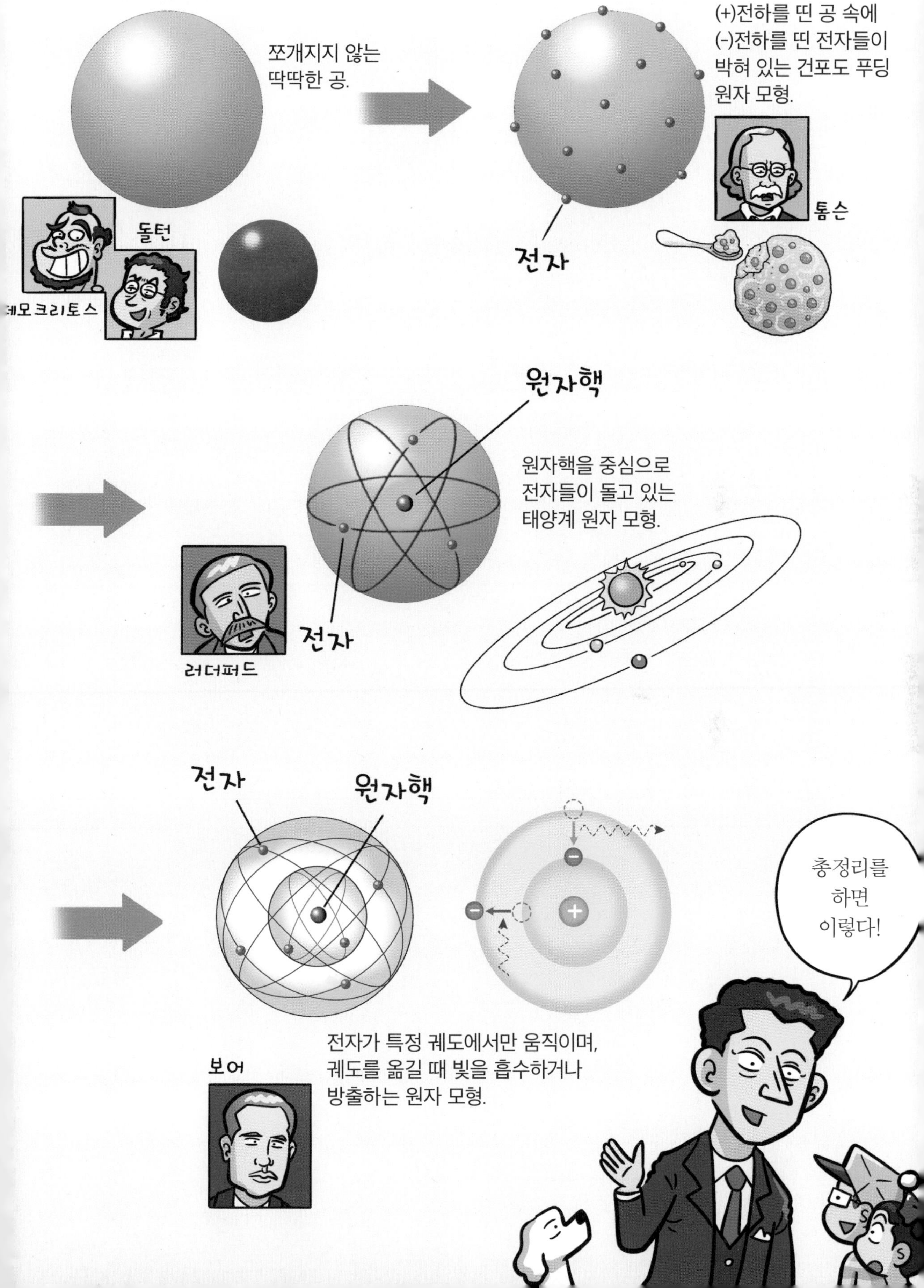
쪼개지지 않는
딱딱한 공.
돌턴
(+)전하를 띤 공 속에
(-)전하를 띤 전자들이
박혀 있는 건포도 푸딩
원자 모형.
톰슨
전자
원자핵
원자핵을 중심으로
전자들이 돌고 있는
태양계 원자 모형.
전자
러더퍼드
전자
원자핵
총정리를 하면 이렇다!
전자가 특정 궤도에서만 움직이며,
궤도를 옮길 때 빛을 흡수하거나
방출하는 원자 모형.
보어

이렇게 원자 모형이 완성되긴 했지만 아직도 미심쩍은 부분이 있어.
과학은 '왜'라는 질문을 끊임없이 던져야 하는 학문이니까요.
오!
심쿵
내 질문은 이거야. 원자 안의 전자들이 왜 원자핵 가까이에서 돌지 않고…
넓게 퍼져 있을까?
그러게요. 만약 핵 가까이에서 전자가 돌면 원자의 크기가 훨씬 작아야 할 텐데요.
실은 그 이유를 알아냈단다! 바로 '배타 원리' 때문이지!
배타… 원리?

'배타'는 따돌리거나 거부한다는 뜻이야. 전자의 위치는 '오비탈(orbital)'이라는 독특한 함수로 표현되는데…
오비탈 하나당 전자 두 개만 나타낼 수 있어.
이때 두 전자의 상태는 반드시 달라야 하지.
같은 상태의 전자는 서로 다른 오비탈로 나타내야 해.
같은 상태의 전자를 거부하기 때문에 '배타'라고 부르는군요!
그래.
그래서 어쩔 수 없이 전자가 넓게 퍼지게 되는 거란다.

그러면 전자의 개수가 많을수록 원자의 부피가 클 수밖에 없겠네요.
바로 그거야!
마치 양파 껍질이 많으면 많을수록 양파가 커지는 것처럼!
척
자, 받거라.
휙
마치 양파처럼….
어…
주욱
물건을 받으면 시간 이동이 끝나….
주우욱
아….
멍멍멍! (난 뭐 한 것도 없이 왔다 가네…!)

아유, 정신없어…
시간 이동을 하면
이런 기분이구나.
두 번 다시
안 할 거야.
한 번 해 봤으면
됐어….
지금 뭐 하는 거죠?
현대 무용 연습…?
현대
과학입니다….

수업 끝!
와아
3화
불확실한 세상
우리는 그냥 남아서 과제나 하자.
그러지, 뭐.
하여간 네가 과학을 잘하는 건 시간 이동 덕분인 거지?
응.
그런데 왜 그 말을 하면 시간 이동을 하는 걸까?
무슨 말?
정다운! 김민서! 합….
콰아
앗, 잠깐!

말하면 안 돼!
휙
콱
시간 이동이 시작될 거야!
야, 손 치워! 합체! 융합!
탁
안 돼! 주우욱~!
어, 왜 안 하지?
네가 나한테 업혀야 되잖아.
아… 맞다.
글자를 써도 시간 이동이 될까?
합체 융합
슥슥
쓸데없이 흘러넘쳐….
헤헤… 안 되네
역시 말로 해야… 정다운, 김민서! 합ㅊ….
헉!
야, 지금은 업힌 상태라고! 말하면 안 돼!

어쨌든… 예전에 유럽의 CERN*에서 있었던 일 이후로 시간 이동을 하게 됐어.
CERN?
* 유럽 입자물리 연구소. 세계에서 가장 큰 입자 가속기가 있다.
스위스에 있는 입자 물리학 연구소야.
와.
거기서 이상한 빛을 쬔 후 정신을 잃었거든.
으어~
파
좌
좌
이상한 빛?
그래도 덕분에 빛의 이중성에 대해 알게 됐어.
어렵다… 이중성…?
빛이 입자의 성질과 파동의 성질을 함께 갖고 있다는 뜻이야.
입자면서 파동… 뭐 그런 아리송한….

아무튼…
그 이상한 빛이
내 몸에 어떤 영향을
준 것 같아.
그때부터 합체나
융합 같은 단어를
말하면 시간 이동이
시작됐어.
그런데 왜 믹스까지
끌려가는 거야?
내
말이!
애도 나랑 같이
빛을 쬐었거든….
아….
지금까지
시간 이동을 통해
원자 같은
미시 세계를
배운 거야.
그렇구나.
어쨌거나 시간 이동을 하면
숙제에 도움이 될 거야~.
헐~!
시간 이동을
고작 숙제의
도구로만
생각하는 거냐…

좋아! 그럼 난 이제부터 너만 믿을게~.
나, 나만?
네가 있어야 나도 시간 이동을 할 수 있잖아. 왜 갑자기 얼굴이 빨개지는 건데?
빠, 빨개지긴 뭐가…!
너, 다시는 시간 이동 안 한다고 했잖아.
생각이 바뀌었어! 재미있을 것 같아.
내가 좋아하는 동식물도 다 원자로 이루어져 있으니까~.
자, 출발하자. 업혀!
척
뭐, 뭐야! 이렇게 대뜸!
잠깐! 꼭 내가 업으라는 법이 있나?
내가 업혀도 되는 거 아냐?

이번엔 내가
업혀 보자!
콰아
악, 뭐 하는
짓이야!
정다운!
김민서!
합체~!
풉
팟
야호!
끄윽….
차악
컹컹컹!
(얼씨구, 이번엔
역할 교체냐….)

1927년 덴마크
코펜하겐 대학교
여기는 또
어딜까?
네가 나보다
적응을 잘하는
것 같다….
반가워!
또 만났네,
믹스~!
난
별로
나 지금 기분
안 좋거든?
저리 가!
워메!
으르르!
이 똥개 녀석!
내가 간식을
얼마나 많이
줬는데!
맛도 없더라
뭐!
어휴~.
너희는
누구냐!
쿵

난 베르너 하이젠베르크라는 물리학자인데….
저, 저희는 한국에서 온 김민서와 정다운이에요.
이름이 참 독특하구나? 한국은 어디에 있는 나라니?
왜 내 소개는 안 하는 건데?
한국도 모르세요? 88 올림픽! 2002 월드컵! IT 강국!
야 야
으이그
도대체 무슨 소릴 하는 건지….
나도 소개해 줘!
올림픽은 내년에 네덜란드에서 열릴 텐데?
!
이봐 김민서
아…
넌 이름이 뭐니?
네덜란드 올림픽이 1928년에 열렸으니까, 지금은 1927년이야.
아, 맞다!
헥헥! 믹스예요

어떤 물리학 연구를 하셨나요?
원자 안에서 전자의 위치를 어떻게 알 수 있는지 연구하고 있어.
전자의 위치!
같은 상태의 전자는 같은 오비탈로 나타낼 수 없다는 건 잘 알고 있어요.
오! 너 같은 꼬마가 그런 걸 알고 있다니 놀라운데?
파울리의 배타 원리잖아요~.
너희들 혹시 아인슈타인의 손주라도 되냐?
아무튼, 원자핵은 (+) 전하를 띤 양성자로 되어 있어. 양성자들이 원자 중심에 모여 핵을 이루고 있지.

!
다운아,
원자핵은
양성자와
중성자로 되어
있지 않아?
주, 중성자?
그게 뭐니?
중성자는
1932년에
발견됐다고!
속닥
속닥
샥
알았어
샥
헉
어쨌든…
전자의 위치는
전자가 갖는
에너지에 따라
달라지는 거
아닌가요?
빛 에너지
방출
빛 에너지 흡수
전자가 에너지를
얻거나 잃으면서
전자의 궤도가 바뀌니까요.
도대체
한국이라는 나라가
어디기에 저렇게
똑똑한 애들이
있는 거지?

너희 말이 맞다.
원자가 빛 에너지를 흡수하면 전자가
원자핵에서 더 멀리 떨어진 궤도로 이동하고
빛 에너지를 방출하면
전자가 더 안쪽 궤도로 이동해.
빛 에너지 흡수
빛 에너지 방출
그럼 에너지에 따라 전자가 어떻게 움직이는지만 알면 전자의 위치를 정확하게 찾을 수 있겠네요.
그런데 그게 또 그렇지가 않더라고.
고전역학에서는 뉴턴의 운동 법칙에 따라 물체의 속도를 알면 그 물체의 위치도 알 수 있지.
그럼 원자 세계에서는….
고전역학이 통하지 않아!

공이 초속 1m의 속력으로, 일정한 방향으로 움직이고 있다고 해 보자.
1m/초
꺄울!
고전역학에서는 공이 5초 후에 5m 떨어진 곳에
있을 거라는 걸 정확히 계산할 수 있어.
!
0 1 2 3 4 5
v=속력
s=거리
t=시간
$v=\frac{s}{t}$
$s=v\times t$
$=1\times5=5$
…이니까 정말
5m가 맞네요.
그런데 원자 세계에서도
같은 방법이 통할까?
위치와 속도 사이에
뭔가 다른 원리가 있지
않을까 하는 생각이
들었어.

* 운동량은 물체의 질량과 속도를 곱한 것이다.

결국 전자의
위치와 운동량을
동시에 정확히 알 수
없다는 이야기야!
두 마리 토끼를
다 잡을 수 없네
위치
운동량
그럼 눈에 보이는 세상에는
불확정성의 원리가
적용되지 않나요?
원자 속
세계랑
눈에 보이는
세계가
다르듯이…
아니,
우리가 살고
느끼는 세계에도
그 원리가 적용돼.
!
0
위치와 운동량을
동시에 정확히 알 수
있다는 말은…
우훗!
두 양 모두 불확정도,
즉 정확하지 않은 정도가
0이라는 뜻이야. 그렇다면
두 불확정도를 곱하면
늘 0이 나오지.
0×0=0
완벽한
숫자구나…
그런데…

원자 속 세계에선 두 양에 대한 불확정도를 곱한 값이
……
아자잣!
0을 향해!
늘 특정 값보다 커야 한단다.
이 값은 매우 작지만 0은 아니야.
욕본다~.
아자차
카타파하!
끙 끙
0의 방어력이
만렙입니다!
따라서 위치의 불확정도가 작아지면,
반대로 운동량의 불확정도는 높아져야 해.
두 양의 곱이 늘 어떤 값보다 커야 하니까.
만약 위치의 불확정도가 0이면, 운동량의
불확정도는 커지다 못해 무한이 되지.
$\Delta x \Delta p \geq \frac{\hbar}{2}$
위치의 불확정도
운동량의 불확정도
5.272859×10^{-35}
엄청 작네…
그럼 그 특정 값이
매우 작아서 우리가
불확정성의 원리를
느낄 수 없는 건가요?
그래.
사실 불확정성의 원리는
어디에나 적용된단다.

원자 세계에서는 매우 중요해지지만
현실 세계에서는 거의 느끼지 못하는 거지.
5.272859 × 10^-35
이 원리는 모든 물리 현상의 기본이야.
와… 정말 물리 법칙은 우리의 상상을 초월하네.
보이는 것만이 전부가 아니야!
…….
믹스! 네 몸을 이루는 원자들은 모두 불확실해!
뭔 소리야
나 또한 마찬가지!
휙

이 세상은 모두 불확실한 것투성이야!
갑자기 철학자가 됐군….
왜 저래
털썩
허무해!
슬슬 돌아가야겠어.
슥
마침 하이젠베르크 교수님의 머리카락이….
아아~, 우리가 사는 세상은 너무 허무해~.
적당히 좀 해!
쿠아악
우웅~.(난 언제 시간 이동 하게 될지 항상 불안해.)

끄응!
악, 난 왜 또 학교로 온 거야!
으르렁!
정말.
일어나 줄래…?
불확정성의 원리는 정말 충격이었어….
난 하는 일도 없으면서 매! 번!
왈왈
믹스! 혼자 어디 가는 거야?
휙
집에 가나 봐….

터벅
터벅
아~,
화장실 청소는
힘들어….
터
벅
터벅
어, 믹스!
네가 왜
학교에…!
믹스! 나,
네 가족이거든?
아는 척 좀 해!
믹스가 왜
교실에서
나온 거지?
슥
헐!

합!
팍
합!
팍
교실에서 뭣들 하는 거야!
헉!
둥

헤이!
브라더 앤 시스터,
지금 뭐 하는
시추에이션?
헉!
둑
둥
4화
지킬 박사와 하이드 씨
고학년들이
엽기 놀이를
하다니….
…….
콰
아
아니거든!
혹시… 둘이
사귀는 거야?
오호라~!
흥분하는 걸
보니 맞네?

어, 업었는데 넘어지면
떡볶이 사기로 했거든!
그… 그랬냐?
에이! 뻥!
너도 할래? 네가 이기면
우리가 떡볶이 쏠게!
우리?
야 야~
시끄!
오케이!
우헹!
팍
컥!
아뵤~!
이히이잉!
팍
뻑
내가 이겼다!
떡볶이는
그대들이
사시죠!
덜
덜
…….
그러게 연습은
다른 곳에서
하자고 했잖아!
떡볶이~
떡볶이~
빨리 익숙해지려고
그랬지!

이런 웃긴 자세로 시간 이동 하기 싫어!
다른 방법이 분명 있을 거야.
속닥 속닥
오~, 서로 귓속말 나누는 관계?
아니거든!
파 파 팍
…….
저건 인간이 아니야…!
촵 촵 촵
겨울잠 준비하는 다람쥐가 눈앞에….
정겨운, 오늘 일은 친구들한테 이야기하면 안 돼!
오해할 수도 있으니까!

음~, 입가심으로 어묵을 먹고 싶네~.
면
떡볶이
여기 어묵 하나 추가요!
알았어. 비밀로 해 주지, 훗~.
돼지분식
휴….
다음 날, 국립 과학관
휴일이 좋긴 좋구나!
과학관에 놀러 올 수도 있고!
톰슨 원자 모형
러더퍼드 원자 모형
보어 원자 모형
오~, 원자 모형! 지난번에 파울리 교수가 정리해 준 모습 그대로네~.

시간 이동 좀 해 봤다고 원자에 대해 아는 척을 하다니….
헐
다운이 네가 좋아하는 물리학이니 나도 관심을 가져 보려고~.
심쿵!
!
…라고 할 줄 알았냐?
…….
체… 쳇! 누가 뭐래?
난 원래 과학을 좋아해. 특히 동식물을 가장 좋아할 뿐이라고!
배타 원리… 불확정성의 원리….
가끔 의문이 들긴 해. 이런 걸 왜 알아야 하는 걸까?

보이지 않는 세계에서 일어나는 현상을 알고 싶어 하는 인간의 탐구심 때문이지!
이럴 땐 또 멋져 보인단 말이야….
…라고, 할아버지께서 말씀하셨어~.
떠 읍!
뭐, 그래. 그렇다 치자… 나도 보이지 않는 세계를 더 알고 싶긴 하니까….
애견숍
잘 부탁드려요.
네
첫 방문 애견 미용 무료
믹스라고 했지? 반가워~.
난 미용이 싫어
30분만 참으면 더 예쁜 모습으로 바꿔 줄게~.
팍
난 정말 미용이 싫어!

웅
조금만… 참자~!
으르릉!
위 잉
아, 쫌!
와르르르르르르르!
지금 바로 이동해서 새로운 세계를 탐험해 보자!
팍
오케이! 동식물학과 물리학의 결합!
쏘 옥
콰
아
꾸엑!
……

1929년 덴마크
코펜하겐 대학교
둥
너희는 누구냐?
어? 여긴
하이젠베르크 교수님
연구실과 비슷한데….
하이젠베르크 교수를 찾으려면
옆방으로 가. 여긴 나,
폴 디랙의 연구실이야.
아, 그렇군요.
코펜하겐
대학교에
또 온 거야?
저… 저희들은 원자에
대해 몇 가지 궁금한 게
있어서 여쭈러 왔어요.
음, 나도 궁금한
게 있는데…
먼저 물어봐도
되니?
뭔데요?

띠용~
재는 왜 저 꼬락서니냐?
몰라요
아우우우오오오! (공짜에 홀랑 넘어가 개를 미용실에 혼자 두다니~!)
아오~ 낑 깽
무척 슬퍼하는구나 사연이 있나 봐
어쨌든 난 너희들처럼 원자에 관심이 많은 아이들을 좋아해.
나도 지금 원자 세계를 연구하고 있지.
어떤…?
and for the bubble
원자 안에서 전자들이 어떻게 운동하는지 연구 중이야.
요리
조리
나 찾아 봐라~
전자는 에너지를 얻거나 잃으면서 서로 다른 궤도로 이동하잖아요~.
으이구 또 시작이군
콧대

어쭈~ 요놈 봐라?
제법인데?
쓱
그래, 간단히 말하자면 물리학은 물체의 운동 상태를 설명하는 학문이야.
!
사과가 땅으로 떨어지거나 지구가 태양 주위를 도는 것 모두 운동 방정식으로 계산할 수 있어.
아~, 뉴턴의 운동 법칙 말씀이시군요.
쭈욱
챙 챙
챙
거참, 서로 잘난 척하려고 공부하는 거예요? 어른이나 애나 똑같아!
되게 우스워 보여 나만큼…
뻘 쭘
쯧쯧….
쑥
쑤욱

그래, 네 말이 맞다. 우리가 보고 느끼는 세계에서는 뉴턴의 운동 방정식을 풀면…
$F=0$
$\frac{d}{dt}v=0$
$F_{ab}=-F_{ba}$
$F=\frac{d}{dt}P=\frac{d}{dt}(mv)$
방정식 계산은 어려워…
물체의 운동 상태를 알 수 있어.
전자의 운동 상태도 같은 방정식을 풀면 알 수 있지 않나요?
뉴턴
아니, 원자 세계는 달라.
Bye ~
!
입자의 크기가 원자만큼 작을 땐 뉴턴의 운동 방정식이 통하지 않아.
Bye
게다가 물체가 빛의 속도에 가깝게 움직일 때 적용해야 하는 상대성 이론까지 고려해야 되지.
그럼 새로운 물리 법칙이 필요하단 건가요?
그래, 내가 찾은 '디랙 방정식'이 바로 그 새로운 법칙이란다.

디랙 방정식…!
불확정성의 원리에도 하이젠베르크 교수님의 이름이 붙던데….
뭐, 처음 생각해 낸 사람 마음이지.
하긴…
E = mc²
물론이죠!
아인슈타인이 발표한 상대성 이론의 유명한 공식, E=mc²을 아니?
E = mc²
이 공식의 의미는 질량과 에너지가 본질적으로 같다는 것이란다.
빛의 이중성에 대해서는 들어 봤니?
그럼요!
악!

빛은 파동과 입자의 성질을 동시에 가지고 있어요….
그래, 그런데 놀랍게도 전자와 같은 입자도 파동의 성질을 갖고 있기 때문에…
그 입자들의 운동 상태를 '파동 방정식'으로 설명할 수 있어.
$\frac{\partial^2 u}{\partial t^2} = c^2 \Delta^2 u$
파동 방정식?
팍
……
좀 어려운 이야기지만, 파동 방정식은 시간이 변함에 따라 파동이 어떻게 변하는지 알려 주는 방정식이야.
시간

원자 세계에서는 파동 방정식을 풀어 입자의 운동 상태를 알아낼 수 있다는 거지!
악~ 머리 아파!
정리하자면… 우리가 보고 느낄 수 있는 세계에서는 뉴턴의 운동 방정식이 통하지만….
원자 세계에서는 파동 방정식을 써야 한다, 이 말씀이죠?
그래.
내 파동 방정식을 풀어 보면 전자의 에너지는 두 가지로 나뉜단다.
$E \geq mc^2$ $E \leq -mc^2$
E=에너지 m=질량 c=빛의 속력
바로… 이 두 가지!
전자의 에너지는 mc^2보다 크거나 같고, $-mc^2$보다 작거나 같다.

상대성 이론에 따르면
정지한 물체의 에너지는 $E=mc^2$이지만
$E=mc^2$
…….
움직이는 물체의 에너지는 mc^2보다 크단다.
$E>mc^2$
어라? 그런데
이 부등식은 mc^2에
마이너스(-)가
붙었네요?
$E\leq -mc^2$
에너지가
음수가 될 수
있다니?
대부분 식을 잘못 풀었다고
생각하겠지?
하지만 나는
이 음의 에너지도
자연의 일부라
확신했어.
우주는 엄연히
수학이라는 언어로
이루어진 세상이니까.
참 아쉽게도 우주의 언어는
일반인이 이해하기엔
너무 복잡하고 어렵네요….
과학자와
수학자의
언어니까~

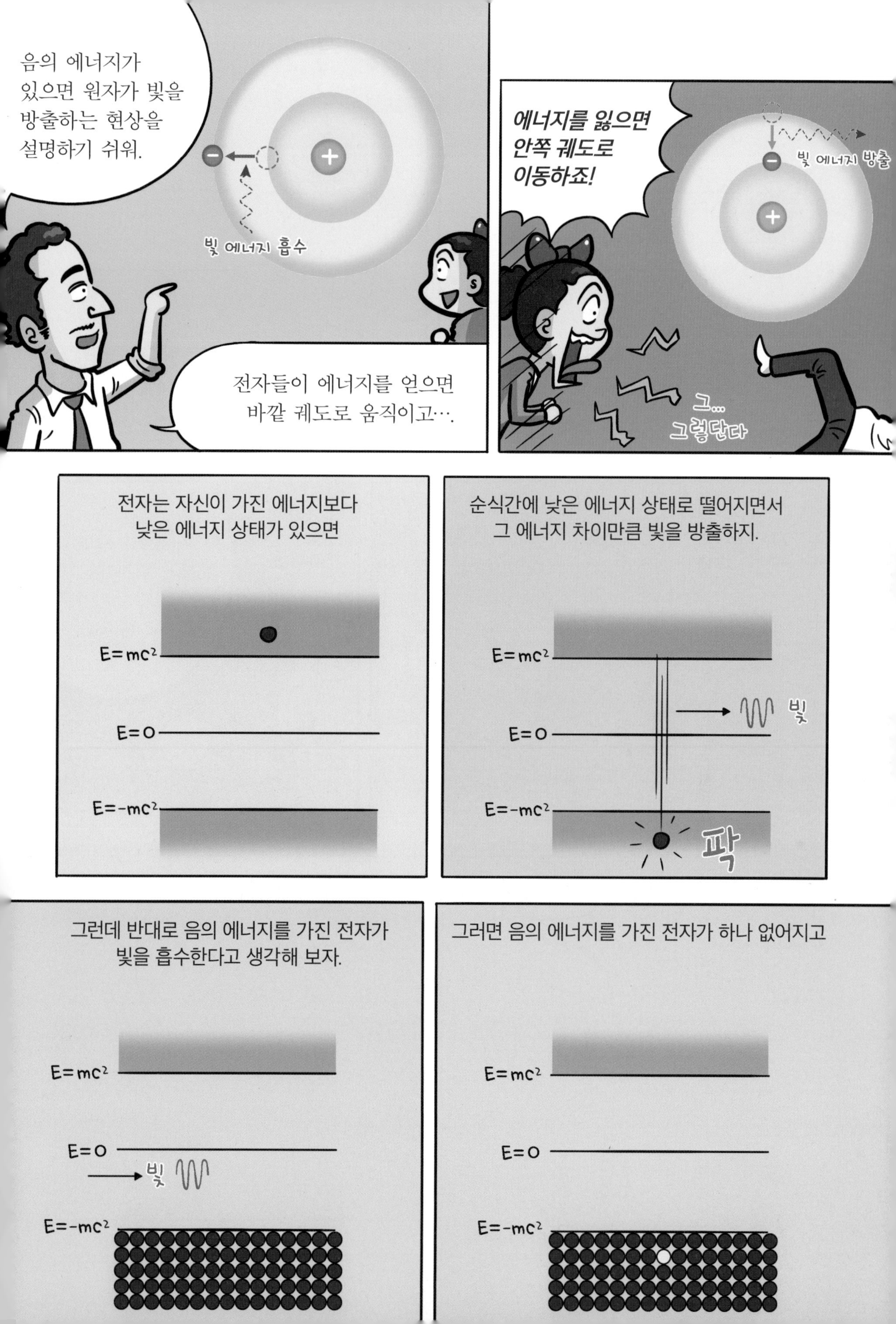

음의 에너지가 있으면 원자가 빛을 방출하는 현상을 설명하기 쉬워.
빛 에너지 흡수
전자들이 에너지를 얻으면 바깥 궤도로 움직이고….
에너지를 잃으면 안쪽 궤도로 이동하죠!
빛 에너지 방출
그… 그렇단다
전자는 자신이 가진 에너지보다 낮은 에너지 상태가 있으면
E=mc²
E=0
E=-mc²
순식간에 낮은 에너지 상태로 떨어지면서 그 에너지 차이만큼 빛을 방출하지.
E=mc²
빛
E=0
E=-mc²
팍
그런데 반대로 음의 에너지를 가진 전자가 빛을 흡수한다고 생각해 보자.
E=mc²
E=0
빛
E=-mc²
그러면 음의 에너지를 가진 전자가 하나 없어지고
E=mc²
E=0
E=-mc²

양의 에너지를 가진 전자가 하나 생기는 거야.
$E=mc^2$
$E=0$
$E=-mc^2$
결국 빛이 사라지고 전자 하나와,
전자와 반대되는 '양전자'라는 것이 생겨.
$E=mc^2$
$E=0$
양전자
$E=-mc^2$
즉, 반물질!
반물질?
쿵
나는 이 세상 모든 입자에는 반물질이 있다고 생각해.
물질과 반물질… 물질 세계의 지킬 박사와 하이드 씨인 건가.
…….
쳇
왜 날 봐?
전자의 반물질을 양전자라고 부른단다.
할아버지께 들은 기억이 나!

E=-mc²
진공 상태인 우주 공간은 정말 아무것도 없는 게 아니라 음의 에너지로 가득 차 있는 거야.
음의 에너지를 가진 입자가 빛을 흡수하면 물질과 반물질이 생기고…
빛
물질
반물질
물질과 반물질이 순식간에 사라지면서 빛을 방출한다.
팍
빛
팍
어?
물질이고 반물질이고 음의 에너지고 뭐고 간에!
주욱
난 다시 돌아갈래!
이 꼴로 계속 있을 수는 없다고!
텁
야 야 잠깐

야! 돌아가는 방법을 안다고 네 멋대로 그러면 어떡해? 그거 줘!
탁
촤악
쳇! 멋대로 시간 이동 하는 게 누군데?
시간 이동을 하면 할수록 점점 더 어려운 이론들이 나오는 것 같아….
물질
반물질
빛 에너지
전자
과학자들의 물건이 계속 쌓이고 있어….
정다운! 내 말 듣고 있는 거야?
일단 모아 놓자. 나중에 다시 돌려드려야 할지도 몰라….
정다운! 내 말 안 들려?
악!

아, 쫌!
애견숍
이러고
갈 수는
없잖아!
윙
윙
왈
으르릉
윙 으르릉 윙
왈 윙 왈
으르릉
흐이구…
뭐라
말씀드려야
할지….
헥 헥
헉!
얘가 너무 발악을…
아니 좀 활발하게 움직여서
땜통이 많이 생겼어요.
그래서 밀 수밖에
없었습니다….
죄송합니다
헥헥!
이제 당분간
미용 안 해도
돼! 만세!

믹스야…
어쩌면 좋니?
달 달
5화
음모의 그림자
정말 죄송합니다.
요, 요즘 이런
삭발이 유행이라….
처음 듣거든요…?
너무
죄송해서…
덜 덜
덜 덜
샥

예쁜 애견 옷을
드릴게요.
서비스예요!
와,
예쁘다!
뭐…
어쩔 수 없네요.
고맙습니다!
억!
뭐 해! 추워!
빨리 입혀 줘!
왈
왈
따
뜻
안녕히 가세요~.
휙
꾹꾹

접니다.
성공했습니다.
어찌나 발버둥을 치는지, 겨우 처리했습니다.
그래, 수고했다.
완벽히 처리했지? 뒤탈 없어야 한다!
걱정 마십시오. 귀밑에 완벽하게 심어 놓았습니다. 확인해 보십시오.
알았다!
얘들아~. 믹스 데리고 왔다!
오잉? 웬 옷을 다 입었대?

미용사가
좀 미숙해서
삭발을
해 버렸네….
미안했는지
옷 한 벌 주더라.
샥
컥!
우하하하하하!
아이고, 배야!
결국
밀어
버렸군
…
오빠는 저게
안 웃겨?
웃겨.
사실은 반쪽만 깎였을
때가 더 웃겼지….
까르르
르르!
참을 인
忍 忍 忍 忍 忍
푸하하
하하!
왈왈왈!
(하지 마!)
미안…

다음 날
자, 숙제는 다들 했나요?
네!
숙제 꺼내야지. 뭐 해?
크크크!
이거….
우꺄꺄꺄꺄 꺄꺄르르르!
풉!
헉
수업 중에 뭐 하는 거예요!
헉! 죄송해요 저도 모르게 그만…
뭐야~. 완전히 싹 밀어 버렸잖아.
ㅋㅋ
절반일 때보단 나아…

털과 시간 이동은 아무 상관 없겠지?
그… 그렇지 않을까?
옷을 입혔어.
당분간 옷 벗지 말라고 해.
자기도 싫어할 거야….
오늘은 원자의 구조에 대해 발표하는 날이죠?
네!
디 보자…. 번째 발표자는 다운, 김민서!
넷!
만만
팟
돌턴
데모크리토스
톰슨
전자
원자핵
전자
러더퍼드
전자
원자핵
보어

짝 짝
오! 아주 훌륭해요. 숙제를 잘 해 왔군요!
짝 짝
척
마치 러더퍼드와 보어를 실제로 만나 설명을 듣는 것 같은 생생한 발표였습니다.
컥!
OMG
농담인데 웃질 않네… 유머는 내 체질에 안 맞나 봐….
휴…
그럴 리가~.
선생님이 뭔가 알고 계시는 건 아닐까?

시간 이동에 대해 아시는 것 같은데….
농담이라잖아~. 네 스타일의 썰렁한 농담.
크게 신경 쓰지 마
썰렁… 뭐?
아무튼….
식
시간 이동에 끼워 줘서 고마워~.
심쿵
뭐야… 사람을 들었다 놨다….
그나저나… 원자는 실제로 어떻게 생겼을까? 직접 보고 싶어.

지금까지 배운 내용을 떠올려 보면….
$\Delta x \Delta p \geq \frac{\hbar}{2}$
불확정성의 원리
배타 원리
…….
백문이 불여일견, 몰라?
원자의 정확한 모습이 와닿지 않는다고!
시간 이동을 또 해 볼까?
헉!
벌떡
안 돼! 오늘은 아빠가 궁중 떡볶이 만들어 놓고 기다린댔어.
슬금 슬금
섬뜩
뭐야?
호호호…!
하지 마!

하지 말라니까!
흐흐~!
타 타 타
왜 이렇게 빨라!
내가 좀 뛰어~!
파 파 파
내…
궁중…
떡볶이…
팍
안녕….
민서와 다운, 합체!
쭈~욱

슥
까르르르깔깔!
촤아악
옷! 옷!
팍
악! 내 옷!!
탁
휴….

1926년 스위스
취리히 대학교
야,
김민서!
시간 이동은
서로 상의하고
해야지…!
난
더 빨리
배우고
싶다고!
왜 이래~.
시간 이동 상의는
내가 하고 싶은 말!
으허헝!
내 떡볶이….
궁중 떡볶이가
사라진 것도
아닌데 울기는….
먹는 시간이
좀 늦어진
것뿐이라고!
워워~, 왜 남의
연구실까지 와서
싸우는 거니?
이크!
너희들은
누구야?
죄, 죄송해요.
안녕하세요,
교수님~.

야! 어쩌려고 그래?
누군지 알지도
못하면서…!
?
잠자코 있어 봐~.
저희들은 원자 안에서
전자가 어떻게
움직이는지에 대해 얘기하다
다투게 됐어요.
오,
그래?
너희들…
나와 같은
관심사를
가지고 있구나.
!
그래서 바로 나,
슈뢰딩거 교수를
찾아오게 된 거고
말이야~.
네!
오…
능숙한데?
이거 봐, 이분 성함이
슈뢰딩거라는 건 알아냈잖아.
?
속닥
속닥
정말
잠깐…!
'슈뢰딩거의
고양이'로 유명한
그 슈뢰딩거?
야옹~
멍

전자와 원자핵이 발견된 이후로 전자의 움직임에 대해 의견이 분분했지!
물리학자들은 뉴턴의 고전역학으로는 원자 속의 현상을 파악하기 어렵다고 생각했어.
그동안 고마웠어요, 뉴턴~.
내 시대는 갔는가….
빛의 이중성이나
파동
입자
에너지의 양자화,
0 1 2 4 6
상대성 이론까지 탐구하면서
전자의 운동을 설명하기 위해서는 새로운 물리학이 필요하다는 걸 느꼈지.
전자
너를 완성하겠어!
두둥
아유~, 나의 인기란…!
전자
사인해 줘요~
물리학자들
뭐냐 쟤…

새로운 물리학을 연구하다 내가 찾아낸 게 바로 슈뢰딩거 파동 방정식!
파동 방정식?
저번에 만난 디랙 교수님도 파동 방정식에 대해 이야기하셨어요.
반물질에 대해서도….
뭐?
영국의 물리학자 폴 디랙을 만났다고?
아차!
노, 논문을 읽었다고요….
아….
논문을 읽다니… 보통 아이들이 아니구나.
어쨌든… 파동 방정식을 풀어서 전자의 운동을 설명할 수 있단다.
아…
파동 방정식은 너무 어려워요….
치이이
그건 우리도 마찬가지….
좀 더 쉽게 설명하자면….

슈뢰딩거 방정식을 풀면 해답이 하나가 아니라 여러 개가 나오는데…
슈뢰딩거 방정식
계산
답
답
답
답
답
답답 하네…
그건 전자가 가질 수 있는 에너지가 여러 가지라는 걸 뜻한단다.
전자
!
그럼 전자가 실제로 어떤 에너지를 가지는지는 어떻게 알죠?
측정!
측정을 하면 전자의 에너지를 알 수 있고, 그것과 짝을 이루는 '파동 함수'가 얻어지지.
슥

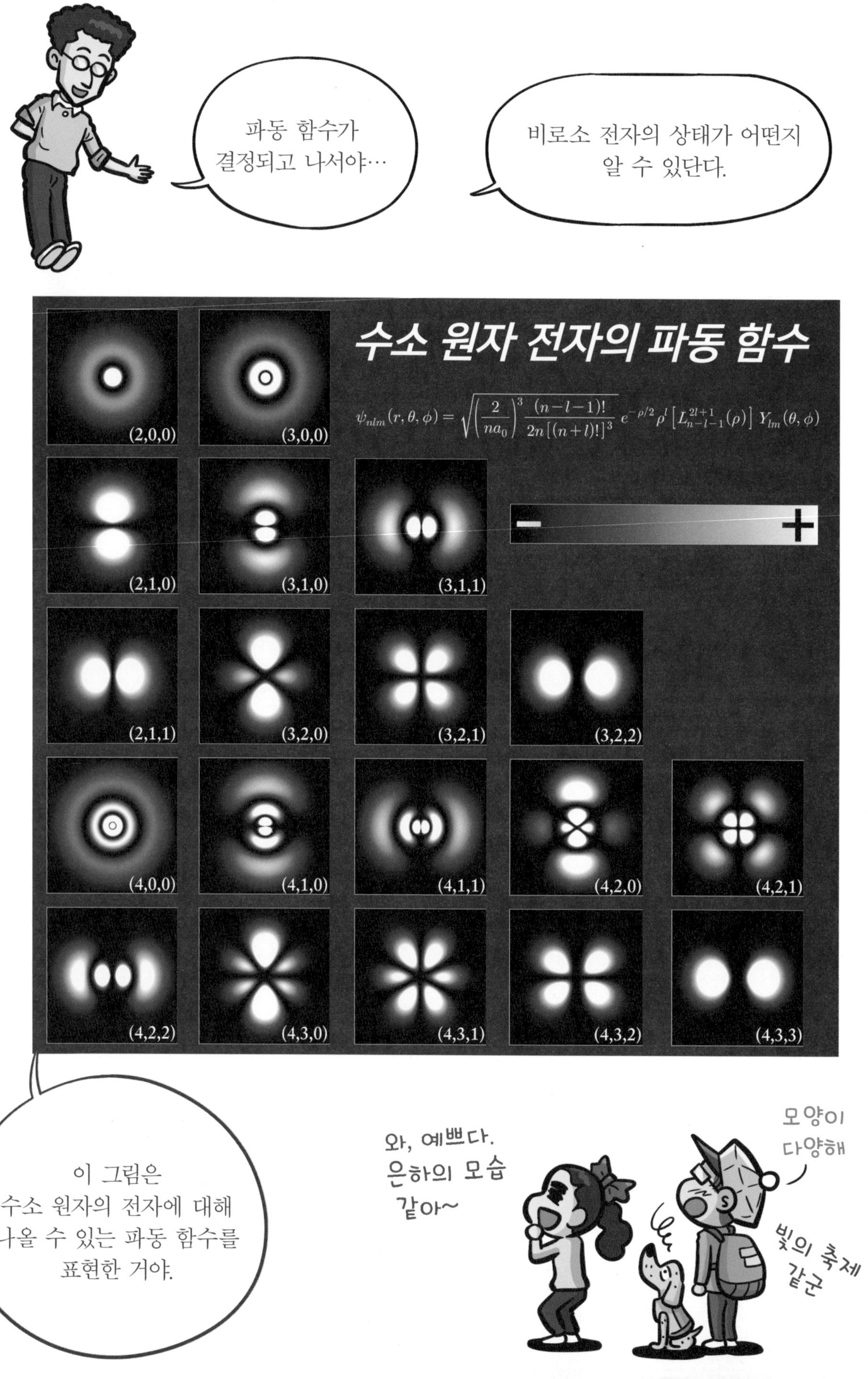

파동 함수가 결정되고 나서야…
비로소 전자의 상태가 어떤지 알 수 있단다.
수소 원자 전자의 파동 함수
$\psi_{nlm}(r,\theta,\phi)=\sqrt{\left(\frac{2}{na_0}\right)^3\frac{(n-l-1)!}{2n[(n+l)!]^3}}\,e^{-\rho/2}\rho^l\left[L_{n-l-1}^{2l+1}(\rho)\right]Y_{lm}(\theta,\phi)$
(2,0,0)
(3,0,0)
(2,1,0)
(3,1,0)
(3,1,1)
−
+
(2,1,1)
(3,2,0)
(3,2,1)
(3,2,2)
(4,0,0)
(4,1,0)
(4,1,1)
(4,2,0)
(4,2,1)
(4,2,2)
(4,3,0)
(4,3,1)
(4,3,2)
(4,3,3)
이 그림은 수소 원자의 전자에 대해 나올 수 있는 파동 함수를 표현한 거야.
와, 예쁘다. 은하의 모습 같아~
모양이 다양해
빛의 축제 같군

그래, 마치 우주의 은하처럼 생겼지?
작은 세계와 큰 세계… 모든 우주는 복잡하지만 동시에 아름답단다.
나는 이 파동 방정식을 학계에 발표할 예정이야.
……
킁킁! (네, 저는 집으로 갈 거고요.)
슥
주 우 욱
야! 상의 좀 하자고, 상의 좀!
내 털 다시 돌려놓으면 생각해 볼게

흠….
아이고~.
뭔가 좀 이상하지 않니?
응, 이상해. 숨을 쉴 수가 없어. 얼른 내려와!
누군가 우리를 지켜보는 것 같은 느낌….
네가 날 짓누르는 느낌도 있다! 내려오라고!
!
샥
휙
앗, 저기!
?
팟

딱 걸렸어!
팍
이 스토커 같은 녀석!
?
야옹~.
야옹~!
고양이…?
스토커 고양이겠지. 네 말에 따르면….
봐~, 별일 아니잖아.
이상하다… 동물이 아니라 사람 같았는데….
!
야~옹~!

6화 죽느냐 사느냐, 그것이 문제로다

너, 우리 학교에서 고양이 본 적 있어?
본 적은 없지만 지나가던 길 고양이일 수도 있잖아.
아니야, 나의 뛰어난 감각에 따르면 분명 뭔가 있어.
그래 있지, 고양이가
지금 나 놀리는 거야?
경비원님이 새로 키우시는 고양이일지도 모르지.
넌 과학을 좋아한다는 애가 의심도 안 해?
헐
고양이도 수상하고 경비원도 수상해….
…….
너도 수상해! 나도 수상해!
정신 차려….

하여간, 나 덕분에 과학 숙제 칭찬받았으니까 떡볶이 사!
잉?
집에 가면 궁중 떡볶이가 기다리고 있는데 왜 나보고 사래?
어이 상실
헐
너 때문에 시간 이동 하느라 배고파 죽겠단 말이야!
분식집에서 떡볶이 먹고, 집에 가서 또 먹을 거야!
척
꼬르륵
폭풍 흡입 분식점
여기 떡볶이 2인분이요!
야! 야! 야!

뭐야! 나보다 더
배고팠던 거야?
먹어 보니 깨달음!
떡볶이
라면
어묵
파 파
팍
척
뚜벅
뚜벅
어서 오세요~.
뚜벅
뚜벅
……
……
?

김
된장찌개
순대
어묵
슥
다운아, 저 두 사람 수상하지 않니?
아니.
쩝 쩝
속닥
이 떡볶이는 안 의심스러워? 널 노려보고 있잖아.
췟!
넌 의심 덩어리야!
그나저나 아까 슈뢰딩거 교수를 만났을 때, 네가 고양이 이야기를 했잖아.
아, 슈뢰딩거의 고양이?
냥
!

슈뢰딩거의 고양이가 도대체 뭔데? 유명한 스타 고양이라도 돼?
와 와
죽어 있으면서 동시에 살아 있는 고양이
나도 잘은 몰라. 할아버지께서 설명해 주셨는데, 그땐 너무 어려서….
? ? ?
그럼 우리가 시간 이동을 해서 알아보면 되겠다.
뿝!
야, 얼마나 됐다고 또 이동을…!
콰아
조용히 해! 다 들리잖아!
헙
팍
!
여기엔 사람들이 있으니 일단 나가자.
야, 아직 다 못 먹었단 말이야!
후다닥

헉! 아이들이 나간다.
우리도 이동!
벌
떡
헉, 아직 튀김
다 못 먹었는데!
왜 다들 그릇째
들고 가는 거야?
그릇 꼭 가지고 와요!
네, 걱정
마세요!
내 떡볶이! 내
떡볶이이이~!
놓치면 안 돼!
튀김도...
샥
!
팍
떡볶이와
튀김, 합체!

!
헉
헉
좌—악
앗, 미안!
주륵
왈왈왈!
(으아!)
1936년 오스트리아
그라츠 대학교
49세
이번에도
슈뢰딩거 교수님
연구실로 왔어.
아, 그때보다 나이가
더 드신 것 같아.

일단은 먹던 거 마무리하고….
나, 점점 만신창이가 되어 가는 것 같아…
쩝 쩝
헉…
얼룩이… 완전히 '조폭'견인데…?
앗, 떡볶이!
킁 킁
벌떡
으이그….
쩝 쩝 쩝
킁 킁…
아니, 이게 무슨 냄새야?
엥? 너희들은 누군데 여기서 음식을 먹고 있는 거냐?
슈, 슈뢰딩거 교수님께 새로운 음식을 소개해 드리려고요!
?
샥

이 빨간 덩어리 말이니?
네! 떡볶이라는 한국 음식이에요. 드셔 보세요.
!
음~, 생각보다 맛있구나.
5분 후
이거 사람이 먹는 음식 맞니? 지옥 악마가 먹는 게 아니라?
그런데 교수님 연구실에 고양이는 한 마리도 없네요.
고양… 이?

유명한 슈뢰딩거의 고양이 말이에요. 키우시는 거 아니에요?
쩝
쩝
…….
쩝
쩝
푸하하하
그 고양이는 실제로 있는 고양이가 아니라 내 머릿속에만 있단다.
양자역학이 아직은 완전하지 않은 이론인 것 같아 고양이로 사고 실험을 해 본 거야!
양자역학은 원자의 세계를 설명하는 물리학인데 고양이랑 무슨 상관이에요?
냥?
전자와 원자핵이 발견된 후…

물리학자들은 원자의 세계를 설명하는
새로운 물리학이 필요하다고 생각했어.
그래서 물리학자들은
배타 원리, 불확정성의 원리,
파동 방정식을 찾아냈죠.
!
오~.
그래, 맞다. 파동 방정식을
풀면 나오는 파동 함수는
전자가 특정 위치에 있을 확률을
알려 주지.
전자가
있을 수 있는
위치들
전자
10%
15%
25%
25%
15%
10%
확률이라면….
팅
핑그르르

톡
틱
데
구
르
르
동전을 던졌을 때 뒷면이 나올 확률은 50%!
앞면 아니면 뒷면이니까!
그래, 앞면이나 뒷면이 나올 확률은 각각 50%야.
앞면!
틱
틱
틱
동전을 던졌을 때 앞면이 나오는지 뒷면이 나오는지는…
우리가 보든 안 보든 이미 정해져 있지.
?
그런데 전자의 위치는 이 경우와 다른 것 같아….
팟!
양자역학에 따르면 전자의 위치는 관측하는 순간 결정된단다.

관측하기 전에는…
앞면이게 뒷면이게?
여기 있을 확률은?
여긴?
전자가 어디 있느냐는 질문이 의미가 없어져. 확률만 알 수 있을 뿐이지.
거긴?
저긴?
나는 확률을 고려해야만 하는 양자역학은 완전하지 않다고 생각해!
그러니까 그게 고양이랑 무슨 관계냐고요!
아….
그래서 양자역학의 불완전함을 증명해 본 거란다!
자, 지금부터 나와 사고 실험을 해 보자꾸나!
실험 기구 없이 머릿속에서 상상하는 거야.

자, 금속으로 된 단단한 상자를 떠올려 보렴.
그 상자 안에는 고양이가 있어.
방사성 원소
망치
독극물이라니 살려 줘!
쾅
쾅
고양이
청산
그리고 고양이를 죽일 수 있는 독극물 '청산'이 담긴 유리병도 있지.
망치 하나가 그 유리병을 향해 놓여 있단다.

설마… 그 망치로 유리병을 깨트리려는 건 아니겠죠?
헐!
안 돼! 살려 줘!
쾅 쾅
현실이 아니야 사고 실험일 뿐
긴장하지 말자…
상자 안에는 방사성 원소가 담긴 병이 있어.
방사성 원소
이 원소가 방사성 붕괴를 일으키면
그걸 감지한 장치가 스위치를 작동시키고
곧바로 망치가 유리병을 깨트리지.
쨍 강
결국 상자 안에 독극물이 퍼지게 된단다.
Noooooo!
치 이 익

그럼 고양이가
죽잖아요!
나는 이 실험
반댈세!
뭔
소리야
지금부터 하는 이야기가 중요해.
방사성 원소가
1시간 안에 붕괴할 확률은 50%!
붕괴하느냐
마느냐!
그렇다면 1시간이 지났을 때
고양이가 살아 있을 확률은?
!
50%!
절반!
그래, 확률적으로 보면 고양이는 반은 죽은 거고,
반은 살아 있는 거야.
死
生

죽은 동시에 살아 있는 고양이!
콰아
나는야 생사를 초월한 슈퍼캣 (Super cat)!
냅!
현실적으로 보면 죽든가 살든가 둘 중 하나여야만 해.
악
척
……
하지만 양자역학에 따르면 우리가 상자를 열기 전에는 고양이의 생사 여부를 확률로만 알 수 있어.
상자를 열어 고양이를 보는 순간 두 가지 상태 중 하나로 결정된다는 게 양자역학의 결론이지.
죽고
살고
어떻게 그럴 수 있겠니! 양자역학은 불완전한 이론인 게 분명해!

오잉?
고양이 방울?
우히히, 나한테
잘 어울리겠다~.
슥
슈아악
냠냠.
컹컹컹컹!
(앗, 마지막 떡!
그거 내 건데!)
딸랑
떡볶이와
튀김,
합체!
척
삭
!

잠깐, 아이들의 모습과 위치가 갑자기 바뀌었어!
!
냠냠… 잘못 보신 거 아니에요?
오물오물
그만 좀 먹어!
앗, 그새 아이들이…!
놓쳤어!
탁 탁 탁
안 돼!

야옹야옹~

빈칸을 채워 달라냥!

지금까지
배운 내용의
요점이란다.
빈칸을 한번
채워 보렴.

위치나 운동량 같은
전자의 상태는
슈뢰딩거 방정식을 푼 결과인
○○ ○○를 통해
알 수 있다냥.
전자의 상태를
확률로만 알 수 있다는 양자역학을
비판하기 위해
슈뢰딩거가 제안한 사고 실험을
○○○○○ ○○○ 실험이라고
한다냥.

정답은 214쪽

난 고양이가
아니라고!

7화
제야의 종소리
아니, 왜 이쪽으로 가는 거야? 분식집이랑 반대 방향이잖아.
또 분식집 타령이야? 또 먹을 거냐고!
그게 아니라… 그릇 반납해야지!
아
그런데 지금은 안 돼. 누가 우리를 미행하는 것 같단 말이야.
뭐야, 너 아직도 의심 중이야?
미스터리 영화를 너무 많이 봤어.
차라리 영화감독이 되지 그래?

나의 감각은 정확해!
슥
헉
학교에 있던 고양이부터 느낌이 안 좋아.
그래그래, 네 감각은 정확해. 난 그릇 반납하고 궁중 떡볶이 먹으러 갈 거야.
떡볶이 못 먹어 죽은 귀신이 붙었냐!
그깟 떡볶이 내가 사 주면 되잖아!
정말? 정말정말 정마알?
헙, 나도 모르게 그만!
덜덜덜
결국 못 찾았군. 아무래도 오늘은 안 되겠어.
덜
아이들이 눈치챈 건 아닐까요?
휘잉
덜덜

그러니까
좀 더 은밀히
시간 이동의 비밀을
알아내야 해.
네… 다음부터는
확실하게 하겠습니다.
오늘은 이만
헤어지자.
벌떡
앗,
잠깐만요!
헉! 혹시
아이들이
다시?
쿵
그릇 반납해야죠.
12월 31일 밤, 서울 종로 보신각
와

제야의 종소리를 들으러 이렇게 많이 모이다니!
와아
윽, 밀지 마요!
내가 민 거 아니에요!
그럼 지금 내가 밀었단 말…!
어? 김민서!
정다운!
민서네도 오셨네요.
반갑습니다. 사람이 참 많네요!
뭐야~. 언니, 다운이 오빠랑 너무 붙어 다니는 거 아냐? 혹시 둘이….

꽥!
와르르
왁! 이건 뭐 파도에 휩쓸리는 기분이네!
좌악
하여간 둘이 사귀….
시끄러!
콱
읍!
31일 밤에는 다들 타종식을 보러 오거든? 오해하지 마!
다는 무슨! 싫다는 가족 자기가 끌고 와 놓고선!
우린 우연히 만난 거야!
좍

며칠 전
소원은 집에서 빌어도 되잖아!
종소리를 직접 들으며 빌어야 소원이 이루어진다고요!
네? 부탁이에요!
됐어, 집에서 빌어.
네?
네?
네?
한 시간째
네?
네?
네?
네?
네?
네?
네?
네?
네?
×10000
알았어, 알았다고! 가자, 가! 가면 될 거 아냐!
민서가 매년 타종식에 간댔어….
흐뭇
만질 만질
헤….
표정 봐라. 완전 수상해….

야, 내 옆에서 털지 맛!
탈
탈
내 맘이지~.
흥
벅
벅
으이그
지
직
!
오케이, 보신각 타종….
끄덕
우리도 간다!
다시 현재
겨운이가 없을 때 조를걸. 본심이 들통날 뻔했잖아….
뭐? 졸라? 들통?
아냐! 아무것도!
하여간 우연
우연 하는
우연이 반복되
인연이 되거든~

9!
8!
7!
6!
5!
4!
3!
2!
1!
뎅
소원을 빌자!
민서가 날 좋아하게… 아니 떡볶이 많이 사 주게 해 주세요.
다운이가 날 좋아하게… 아니 떡볶이 덜 먹게 해 주세요.
오빠랑 민서 언니가 맛있는 거 많이 사 주게 해 주세요.

염탐은 염탐이고,
우리도 소원을 빌자!
예!
와 와
시간 이동의 비밀을
알게 해 주세요.
제 옆에 있는
남자와 잘되게
해 주세요.
아우우~,
아우우우우~!
와르르르르르르!
(왜 나만 집에 남겨 두고
가 버린 거야! 장난감도
안 주고!)
크앙!
(짜증 나!)
보신각
타종이
시작된
가운데…
하 하
소원을 빌자
다른 집은
저렇게 화목한데….
다 필요 없어!
나 혼자
놀 거야!
으르릉~

…….
뎅
종소리는 어쩜 이렇게
은은하게 울려 퍼지는 걸까?
에에에엥~
웅웅웅
맥놀이 현상
때문이야.
뭐? 맹꽁이?
…….
맹꽁이가 아니고
맥놀이! 이 맹꽁아….

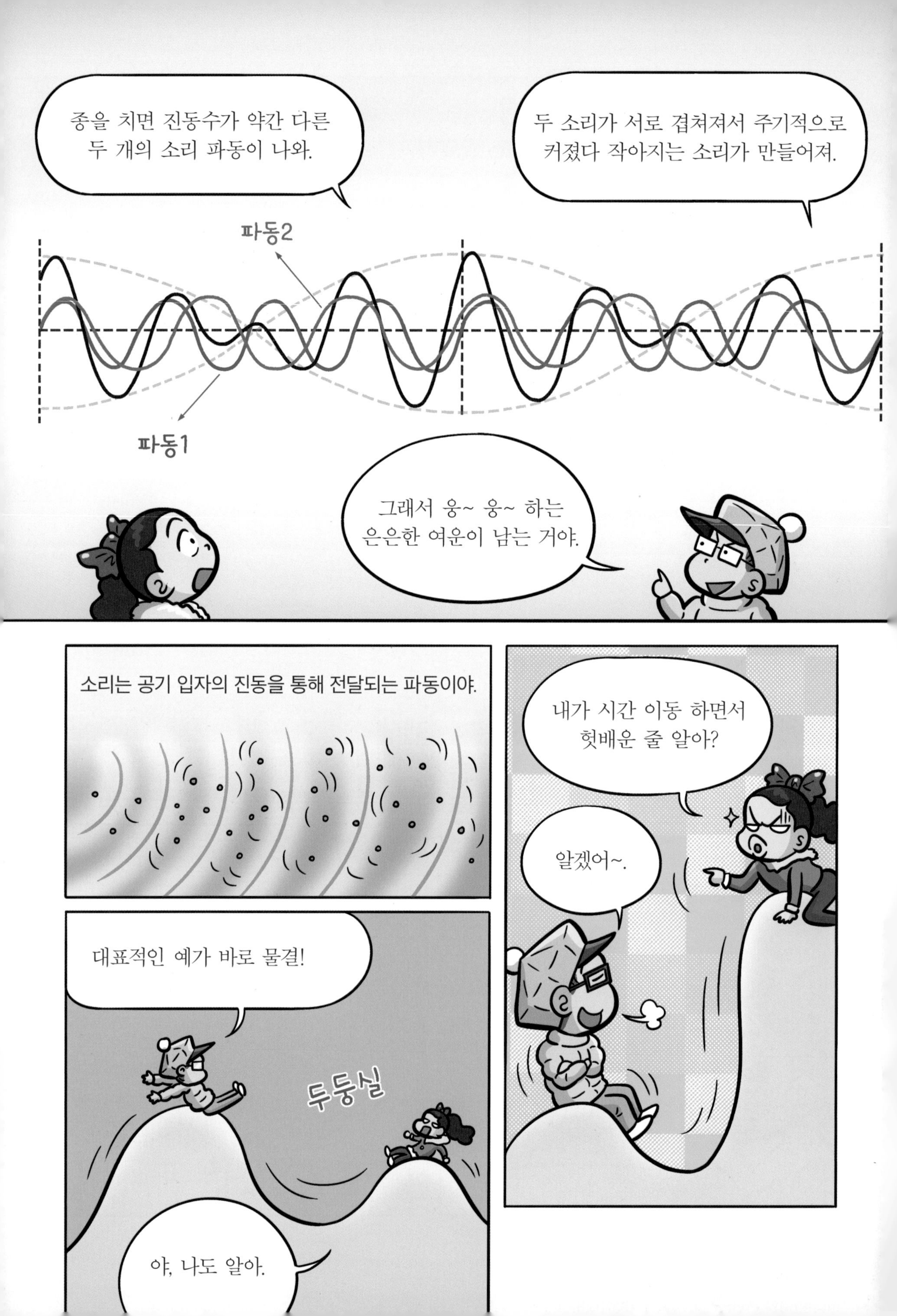
종을 치면 진동수가 약간 다른 두 개의 소리 파동이 나와.
두 소리가 서로 겹쳐져서 주기적으로 커졌다 작아지는 소리가 만들어져.
파동2
파동1
그래서 웅~ 웅~ 하는 은은한 여운이 남는 거야.
소리는 공기 입자의 진동을 통해 전달되는 파동이야.
내가 시간 이동 하면서 헛배운 줄 알아?
알겠어~.
대표적인 예가 바로 물결!
두둥실
야, 나도 알아.

잠깐! 지금
시간 이동이라고
했지?
그런 것
같은데요?
너, 자꾸 나 무시하면
내 마음대로 시간 이동
하는 수가 있어.
헉!
우르르
어우!
악!
야! 여기서 너랑 나랑
겹쳐지면 어쩌려….
주욱
달달달
달
달

쥬욱
좌아악
왈왈왈! (못됐어, 못됐어!)
캬우우웅! (혼자 둘 때는 언제고, 공놀이 하려니까 시간 이동 하는 심보는 뭐임?)
1923년 프랑스 파리 소르본 대학교
야, 저리 가! 뭐 하는 거야!
너야말로!
팍
나는 속 터져 죽겠는데 꼭 껴안고 시간 이동이라니…
물 수도 없고….

콱
내 책상에서 뭣들 하는 짓이야!
이 중요한 순간에!
너희들 때문에 모처럼 떠오른 아이디어가 다 사라졌어!
나 드브로이의 위대한 이론이 나오는 순간이었는데!
이 고슴도치는 또 누구니! 생물학과 연구실에서 데려왔니?
개거든요
시, 실은 교수님께 뭐 좀 여쭤보려고요….
교수?
난 교수가 아니다. 박사 과정 학생이지.
!

그럼 박사님이라
불러도 돼요?
박사…?
그러렴~.
박사님!
벌떡
기분이
조금
풀림
그나저나 네가 궁금한 게 뭐니?
비… 빛이요.
빛의
이중성!
오호~, 그건 내 전문인데!
잘 찾아왔구나!
기분
완전
풀림
예전부터 과학자들은
빛이 파동의 성질을
가진다고 생각했지만
아인슈타인의
광전 효과 연구에 의해
입자의 성질을 가진다는 게
밝혀졌어.
빛
광전자
금속판
그게 바로
빛의 이중성이잖아요.
입자와 파동의 성질을
동시에 갖는….
그래, 맞아.
그런데 빛만 이중성을
가지고 있을까?

빛이 이중성을
가진다면….
전자나 양성자 같은
입자들도 이중성을
갖고 있지 않을까?
이중성은
빛, 원자 속 세상,
모든 물질이 똑같이
가지고 있는…
본질적인
성질이라는
생각이 들었어.
빛만 특별한 것이
아니라는
뜻이군요
!
그럼 내 몸도
이중성을 지닌
원자들로 이루어진
거야?
?
아오
개였다가
고슴도치였다가~.
이해된다.
너
뭐 하니?

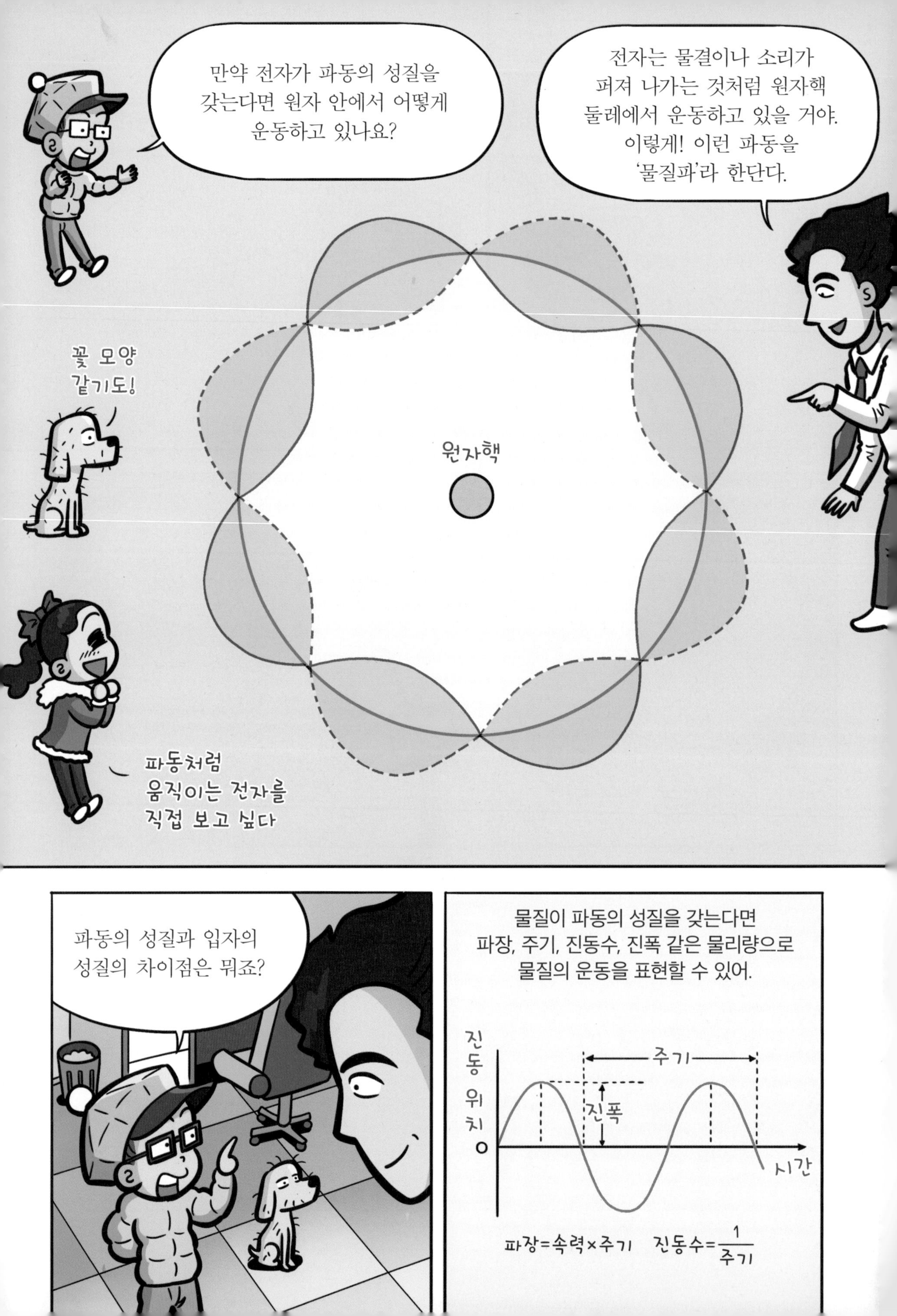
만약 전자가 파동의 성질을 갖는다면 원자 안에서 어떻게 운동하고 있나요?
전자는 물결이나 소리가 퍼져 나가는 것처럼 원자핵 둘레에서 운동하고 있을 거야. 이렇게! 이런 파동을 '물질파'라 한단다.
꽃 모양 같기도!
원자핵
파동처럼 움직이는 전자를 직접 보고 싶다
파동의 성질과 입자의 성질의 차이점은 뭐죠?
물질이 파동의 성질을 갖는다면 파장, 주기, 진동수, 진폭 같은 물리량으로 물질의 운동을 표현할 수 있어.
진동 위치
주기
진폭
0
시간
파장=속력×주기
진동수=1/주기

반면에 입자의 성질을 갖는다면
질량, 위치, 운동량과 같은
물리량으로 물질의 운동이 표현되지.
질량
운동량
위치
그럼 전자 같은 입자도
파동의 성질을 띠면
원자핵
파장, 진동수, 주기, 진폭으로
운동을 표현하겠네요~.
똑똑이!
E.T. 포스터 같네….
우훗~!
이쯤이야
콕
HIS ADVENTURE ON EARTH
E.T.
언젠가 전자의 파동성을
직접 실험으로 입증할 날이
분명 올 거야!
헙!
걱정 마세요.
박사님은 5년 후에
노벨상을 타…
시끄!
꼬집
…게 될지도
모르니까요!
그래,
고맙다.

뭐… 이 논문만 잘 완성하면 노벨상은 문제없을 거야.
제가 주워 드릴게요.
팍
괜찮아, 중요한 부분도 아닌걸.
쿵
주욱
이크
샤
슉
으이그 가지가지 하네!
뎅~~
샤
내 머리에도….
종소리가 들리네….
벙

그나저나 쟤들은 언제 시간 이동을 하려는 거지?
오늘은 허탕일까요….
휘잉
덜덜
어라, 저 아이들 갑자기 혹이 났네요?
사람이 많아서 부딪혔나 봐.
벙~
잠깐!
혹시 그새…?
쿵
한편
별일이 다 있네!
꺄우!(앗싸! 시간 이동에서 돌아오니 공이 눈앞에…!)
우우~! (그런데… 이젠 내려가는 게 문제!)
둥

8화
얼음 왕국…?
악!
덜
덜
촤
악
꽈당
꽥!
케
케
아무리 처음 탄다고 해도 너무 심한 거 아냐? 30초도 제대로 못 서 있네~.
촤
악
끄억!
케
케
케
꽈
언니도 처음부터 잘 탄 건 아니잖아?

자, 내가 하는 걸 잘 보고 따라해 보라고~.
촤악
얍!
샤방그르~.
잘 봤지? 연습하면 누구나 할 수 있어.
…….
아! 그럼 매일 5시간 이상 연습하고, 다이어트도 열심히 하고, 다리 다칠 위험도 감수하고….
죽으나 사나 스케이트에만 매달리면 되는 거지?
응.

혼자
재미있게
타세요~!
넙죽
컥!
알았어,
가지 마!
농담이야!
서지도 못하는
사람한테
점프를 하라니.
하나 둘, 하나 둘.
이건
마치…
아기들 걸음마
시키는 것 같아.
아부부~.
뿌빠!
웃기는 녀석들,
스케이트 하나 제대로
못 타다니….
덜덜
본인부터….
달
달
달

꽥!
그 나이에
스케이트도
못 타고, 뭐예요?
콱
밀지 마!
밀지 말라고!
어멋!
너무 무서워 말고
균형을 잡으세요.
제 손을 잡고요….
꽈
악
이런… 번거롭게
해서 미안….
처음에는 원래
다 그래요.
무서워하면 스케이트 못 배워요.
그냥 넘어지면서 익혀 봐요!
그… 래?

좋아!
시원하게
달려 보겠어!
팍
멈출수가없닥!
꺅
앙
자, 이제
손 놓는다?
어? 어!
와~ 와!
간다, 간다!
겨운이
너도.
잘되고 있어!

털썩
꽈당!
짝
툴썩
쫘닥!
짝
흐어억
부르르
와~ 다리 찢기 대회인가 봐.
잘 찢는다. 체조 선수들?
아니면 태권도 유단자?
꺼으 꺼으
웃지 마!
우는 거야….
그나저나 스케이트를 타 보니까 '복빙 현상'이 생각나네.
복빙 현상?
쩍벌 현상 아니고?
오랜 기간 동안 과학자들이 스케이트가 얼음 위에서 잘 미끄러지는 이유에 대해 연구했는데…
샥

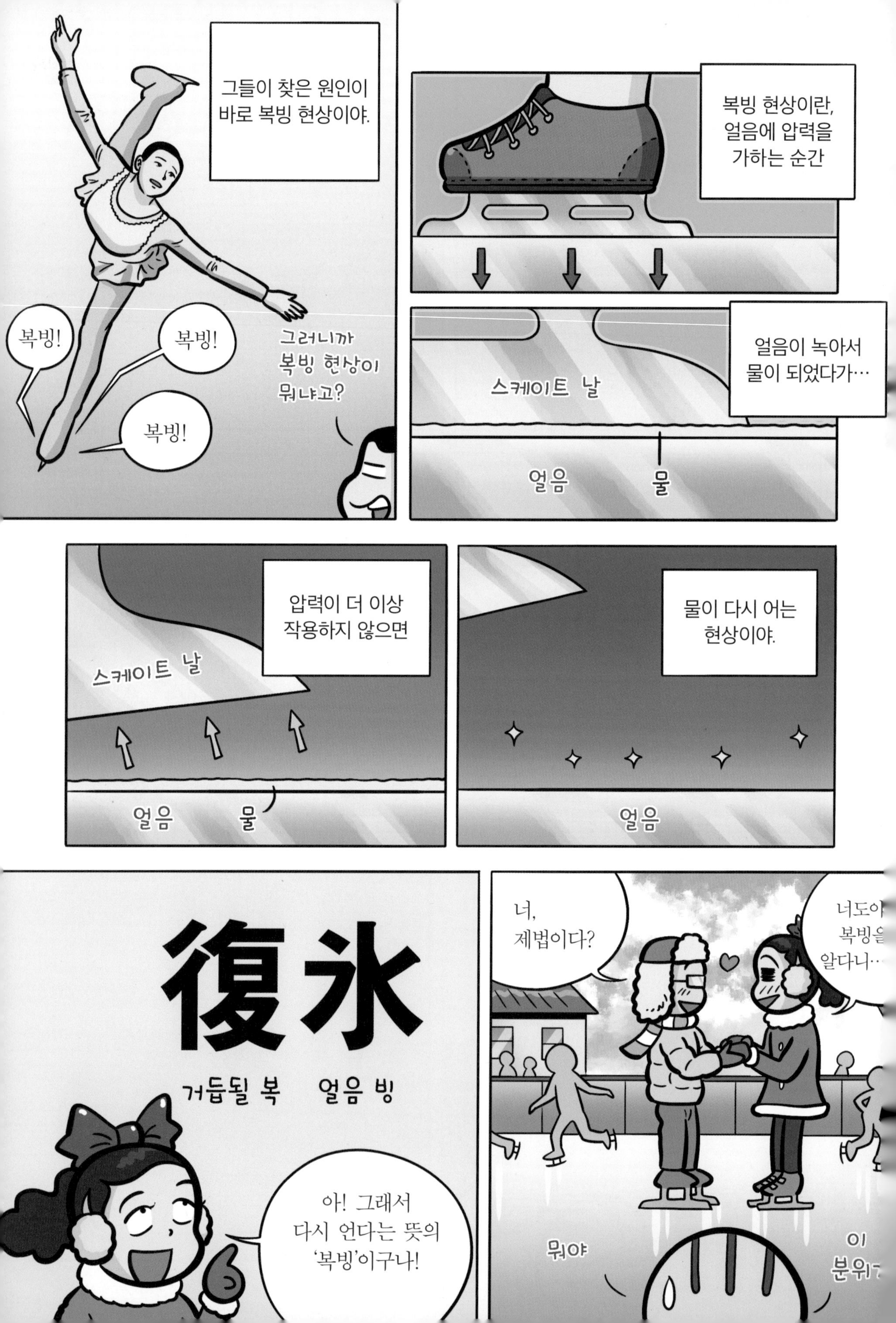
그들이 찾은 원인이 바로 복빙 현상이야.
복빙!
복빙!
복빙!
그러니까 복빙 현상이 뭐냐고?
복빙 현상이란, 얼음에 압력을 가하는 순간
얼음이 녹아서 물이 되었다가…
스케이트 날
얼음
물
압력이 더 이상 작용하지 않으면
스케이트 날
얼음
물
물이 다시 어는 현상이야.
얼음
復氷
거듭될 복 얼음 빙
아! 그래서 다시 언다는 뜻의 '복빙'이구나!
너, 제법이다?
뭐야
이 분위기

샤악
물
얼음
그럼 물의 막이 마찰을 줄여 주는 거겠네.
한동안은 그렇게 생각했어.
한동안은?
실제로 과학자들이 스케이트 날이 얼음판에 가하는 압력을 측정했는데
사람의 몸무게, 신발의 무게, 얼음의 강도….
얼음을 녹일 정도로 스케이트 날의 압력이 높지 않았던 거야.
뭐야, 복빙 현상은 아무것도 아니었네.
시간이 흐른 뒤 첨단 기술 장비로 다시 얼음을 관찰해 봤지.
진실을 알아내거라!

관찰한 결과, 얼음 표면에는 얼음 속에 없는 새로운 층이 있었던 거야!
불규칙
얼음 표면 분자
얼음 분자
규칙
이걸 '유동층'이라고 해.
유동층? 어려운 말이네.
유동층에 있는 분자의 수는 얼음 안쪽보다 적어. 그래서 분자 사이의 공간이 더 넓다고 해.
분자들이 넓은 공간 속에서 움직이기 때문에 물이 없어도 미끄러운 거야.
미끌 미끌
그렇구나!
대단해, 다운아….
뭘~.
심쿵
워워~.

동생 앞에서
뭣들 하는 짓이야!
연애질은 둘만
있을 때 하라고!
와장창
뭐 하기는…
과학에 대해
이야기한 거야.
그래, 우린 놀 때도
과학을 잊지 않거든.
과학과 놀이의 결합이라고나…
할까….
제발 상의를…
입버릇이 돼서…
미안….
주우욱
아작
아작

1926년 독일
괴팅겐 대학교
파동 함수…
확률…
휘잉
확률이 원자를 설명할 수 있는 최선의 방법이 아닐까….
?
사, 살려…!
주세요
빙
빙
켁! 너희들 거기서 뭐 하니?
10분 후
난로 앞에 앉아 몸 좀 녹이렴.
고맙습니다….
덜
덜
저 개는 당근을 계속 물고 있네….
오물
오물
좀 이상한 아이들이야….

나는 괴팅겐 대학교의 막스 보른 교수란다.
저희는 정다운, 김민서, 믹스라고 해요.
이곳은 드브로이 박사님 연구실과 비슷한 느낌이네….
잠깐! 방금 드브로이라고 했니?
그렇지 않아도 난 드브로이 박사가 이야기한 물질파에 대해 연구하고 있었지.
역시… 비슷한 시기에 여러 과학자들이 같은 분야를 연구하고 있어.
이런 식으로 과학이 한 단계, 한 단계 발전하는 거겠지….
불끈
물질파라면 전자가 파동처럼 움직인다는….
그래!

3년 전,
드브로이 박사가
물질파에 대한
논문을 발표했지.
빛이 입자와 파동의
성질을 동시에 갖는
것처럼, 전자 같은 입자도
파동의 성질을 가진다는
내용이었어.
원자핵
지난번에
배운 부분!
따라서 전자의 운동을 파동 방정식으로
설명할 수 있었지.
$$\frac{\partial^2 u}{\partial t^2} = c^2 \nabla^2 u$$
그래! 지금
전 세계 물리학계의
화젯거리란다!
뉴턴의 고전역학이
통하지 않는 세상이라
새로운 법칙이
필요한 거죠?

그래도 파동 방정식의 개념은 쉽게 이해되질 않아요.
나도 네가 이해 안 돼. 당근은 왜 먹는 건데?
으적으적
자, 원자가 원자핵과 전자로 이루어진 건 알지?
네!
톰슨, 러더퍼드, 보어 같은 훌륭한 과학자들이 연구를 통해 알아냈어요.
그래.
그런데…
원자 속 전자는 도대체 어떻게 운동하고 있을까? 이 질문에 대한 답을 찾는 게 더 중요해.
전자가 있다는 걸 알아도 어떻게 운동하는지 알아야 원자 속에서 발생하는 일을 이해할 수 있으니까….
전자
히히
그렇죠!

그래서 보어는 수소의 선 스펙트럼을 근거로, 전자가 특정 궤도에 머물다가…
에너지를 받거나 잃으면 다른 궤도로 이동한다고 생각했어.
410nm 434nm 486nm 656nm
빛 에너지 방출
빛 에너지 흡수
그리고 파울리의 배타 원리와…
하이젠베르크의 불확정성의 원리 덕분에…
$\Delta x \Delta p \geq \frac{\hbar}{2}$
전자를 어느 정도 이해하게 됐어요.
?
배타 원리는 알고 있는데, 불확정성의 원리는 뭐니?
아차! 불확정성의 원리는 1927년에 나왔지! 지금은 그 전인가 보다!
아… 아무것도 아니에요….
아무튼 3년 전에 드브로이 박사는 원자 속 전자가 파동처럼 움직인다는 물질파의 개념을 발표했어.
원자핵

그리고 슈뢰딩거 교수는 전자의 운동 상태를 알려면 파동 방정식을 풀어야 한다고 주장했지.
$i\hbar\frac{\partial|\psi\rangle}{\partial t} = \hat{H}|\psi\rangle$
하지만 파동 방정식을 몇 번이나 풀어도 파동처럼 움직이는 전자의 운동 상태를 명쾌하게 알 순 없었단다.
뭐가 문제일까?
그래서 내가 내린 결론은…
파동 방정식을 푼 결과를 확률로 해석해야 한다는 거야!
슈뢰딩거 교수는 파동 방정식의 계산 결과인 파동 함수가 특정한 에너지를 갖는 전자의 파동 자체를 표현한다고 생각했어.
하지만 난 파동 함수는 전자가 '어떤 에너지를 가질 확률'을 나타낸다고 생각해.

아, 어려워…
머리에 쥐 난다….
네가 왜 당근을 먹고 있는지 그 속마음을 알기도 어렵고….
으적
그럼… 파동 방정식을 풀면 전자가 정확히 어떤 에너지를 가질지는 알 수 없지만…
전자
에너지
?
특정한 에너지를 가질 확률은 알 수 있다는 이야기인가요?
빙고!
에너지
전자
전자의 위치뿐 아니라 에너지까지 확률로밖에 알 수 없다니, 정말 불확실한 세상이군….
어우 답답해
툭 툭
아마도 슈뢰딩거 교수님은 확률만 알 수 있다는 생각을 인정하지 않을 거예요.
No!
왜 그렇게 생각하니?

확률은 확실하지 않잖아요.
데구르르 4!
주사위를 던지면 1부터 6까지의 숫자 중 뭐가 나올지 알 수 없는 것처럼요.
자연이 그렇게 불확실하다는 건 이상해요.
그게 자연의 본성이야!
그래서 슈뢰딩거의 고양이 사고 실험이 나온 거구나.
냥~
이 실험을 통해 확률 해석이 옳지 않다고 주장한 거였어.
내 책을 읽어 보렴. 구체적인 내용을 알고 나면 내 의견에 동의하게 될 거야!
쑤욱

으이구~, 이제 아주 노골적이구먼.
뭐가!
꼴사나워서 같이 못 있겠네. 난 갈 거야.
그러시든지 말든지!
잠깐, 그냥 가면 엄마 아빠한테 고자질할 텐데….
겨운아! 뭐 먹고 싶은 거 없니?
팍
슥
우동, 컵라면, 어묵, 아이스크림. 2인분씩!
뜨왈

드디어 알아냈어!
증거를 잡았다고!
정말요?
둘의 위치가…
순식간에 바뀌었어!
샤
그 사이에 시간 이동을 한 거야!
!
시간 이동을 한다는 게 확실해졌어!
한편
내가 왜 당근을 씹고 있는 줄 알아?
으적
으적
자기 마음대로 시간 이동을 한 것에 대한 복수다!
다운이 눈사람 망가뜨리기!
으적
으적

9화
두 바퀴는 사랑을 싣고
하하, 같이 가! 너무 빠르잖아!
야호, 신난다!
좌악
내가 바란 장면은 이거였는데….
끼익
샤방
샤아방
샤 샤 방

네발자전거를 끌고 올 줄이야….
네발자전거라니! 이건 보조 바퀴라고!
저건 유치원생들이 타는 자전거 같은데…
띠용~
그리고 그 복장은 또 뭐냐…?
어디 경기 나가니? 옷차림은 아주 선수여, 선수!
헥 헥
자전거 타다가 다칠까 봐 준비한 거거든?
어쨌거나 어떻게 아직까지 자전거를 못 탈 수가 있지?
난 여태껏 스케이트도 제대로 못 타는 너한테 그런 말 안 했다?

하여간 오늘
잘 부탁해!
엄하게 가르칠 테니
각오하라고!
따라오셔.
자전거 안 가르쳐
주고 어디 가?
두발자전거
빌리러!
헉!
처음부터 두 발로 타야
빨리 배우지!
쳇.
자전거 대여점
자전거 한 대만
빌릴게요.
…….

저 여자는…
애견숍 주인!
그때 내 털을 깎았,
아니 빡빡
밀었던…!
위잉
그 때 생각만 하면
등골이 오싹!
그나저나 왜 여기로
온 거죠? 자전거
공원이라니….
왜 오다니?
아이들이
왔으니까
따라왔지!
지난번에 아이들이 시간 이동을
한다는 증거를 잡았잖아요!
샥
그래서?
그 증거를 바탕으로 조직이
다음 단계를 지시할 텐데요.
왜 굳이….
불끈
굳이라니! 일해야
할 때 일하는 건데!
우린 지금 휴가
중이잖아요!
아차

그… 그래도! 휴가라고 일을 소홀히 할 순 없어!
!
휴가 아까비
내겐 사명감이 있어. 이 한 몸 불살라 우리 조직을 위해 헌신하는…!
휘이이~
삭막한 들판에서 사냥하는 한 마리 고독한 하이에나….
역시 선배님…! 일에 대한 열정이 남달라요! 그래도 근무일은 확실히 지켜야…!
우리도 자전거를 타면서 따라가 보자!
아… 아까운 휴가…
저… 그런데요….
척
뭔가?
저, 자전거 못 타요….

아니, 그 나이가 되도록 자전거 하나 안 배우고 뭐 한 거야?
벌떡
그 나이가 되도록 스케이트 하나 못 타신 분은 누군데요?
그럼 내가 가르쳐 줄 테니 따라와!
자전거 대여점
자전거 한 대….
샥
으르르~! (저 사람들에게 뭔가 꿍꿍이가 있는 게 분명해!)
어, 믹스는 어디로 갔지?
볼일 보러 갔나 보네.
똑똑한 애니까 알아서 잘 찾아오겠지.

5분 후
흔들 흔들
뒤를 보지 말고 앞을 보라고!
손 놓을까 봐 그렇지!
그렇다고 뒤만 보고 갈래?
앞을 봐야 사고가 안 나지!
앞을 보자!
앞을 보자!
씨익~
사알짝
앞을 보자! 앞을 보자!
ㅋㅋ
간다! 잘 간다!
흔들 흔들
?

컥!
손 놨잖아!
잘 타고 있는데 왜 뒤를 돌아봐?
넌 날 속였어! 이 배신자!
봐 봐! 자꾸 뒤를 돌아보니까 중심이 안 잡히잖아!
어 어 어
흔들
흔들
!
쿠당
우갸!
민서야 괜찮아? 안 다친 거 아냐?
응… 괜찮아.
잠깐! 너 지금 뭐라 그랬어? 안 다친 거 아니냐고? 그럼 다치길 바랐냐!
꺼으 꺼으
아유 재밌어!

나 집에 갈 거야! 너한텐 안 배워!
엇!
샥
하하하! 미안, 미안, 미안~!
즐겁게 가르쳐 주려고 농담 좀 한 거야!
엄하다며? 그런데 웬 농담?
내가 그랬나?
그게 가르쳐 주는 사람의 태도냐?
훽
많이 다치지 않았니? 걱정되는구나.
척
이미 늦었거든요~.
탁
헤
하지만 한 번 더 기회를 주마.
네, 마님~.

또 손 놓으면 안 돼!
헉 헉
네, 네~. 알겠습니다요!
자전거의 원리를 잘 생각해 봐!
원리?
헉 헉
지금 넌 회전 관성 덕에 자전거를 탈 수 있는 거야!
회전 관성?
관성이라면… 운동하는 물체는 계속 운동하려 하고
정지한 물체는 계속 멈춰 있으려는 성질!
…….
그래!

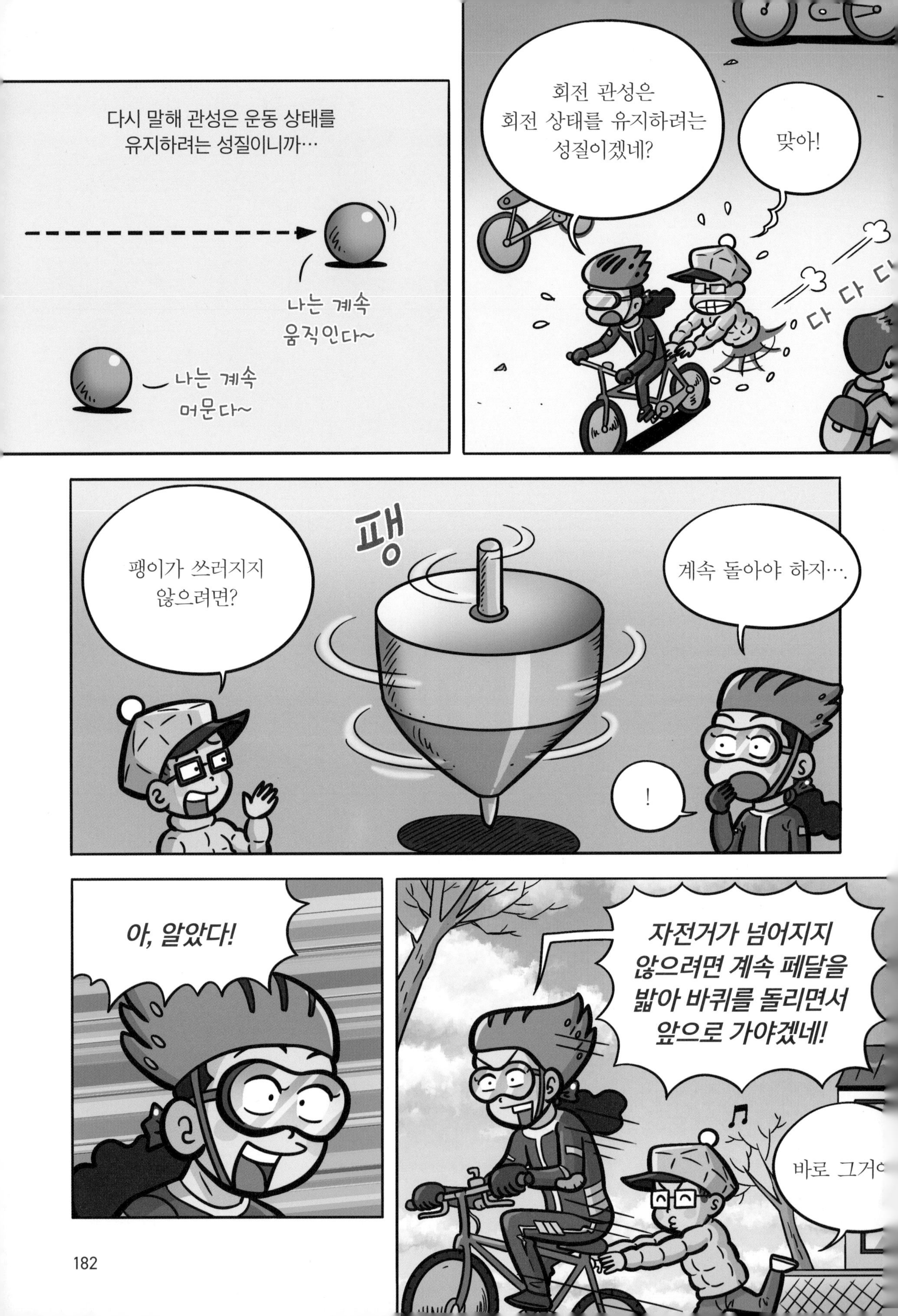

다시 말해 관성은 운동 상태를 유지하려는 성질이니까…
나는 계속 움직인다~
나는 계속 머문다~
회전 관성은 회전 상태를 유지하려는 성질이겠네?
맞아!
다 다 다
팽
팽이가 쓰러지지 않으려면?
계속 돌아야 하지….
!
아, 알았다!
자전거가 넘어지지 않으려면 계속 페달을 밟아 바퀴를 돌리면서 앞으로 가야겠네!
바로 그거야

쌩
균형을 유지하려면 끊임없이 움직여야 한다!
바로 아인슈타인이 한 말이야!
더 믿음직한데?
그래?
그리고 나도 지금 한마디 남겨야겠어.
뭘?
!
김민서가 달리려면 나는 손을 놓아야 한다!
균형을 유지하려면 끊임없이 페달을 밟아라!
좋아, 해 보겠어! 놓아도 돼!
슥
아잣!
쿵
끽
끽
끽
페달을 밟으라고… 핸들만 꺾지 말고….

헉!
어디
다쳤나?
앙
난 평생 자전거를
탈 수 없을 거야!
휴… 다친 건
아니네….
나는 재능이 없어!
자전거 미워!
너도 미워!
다 미워!
으~!
목소리가 머릿속에서
울릴 지경이야!
소리가 머리랑 아예
합쳐진 것 같다고!
합쳐져…?

1m 내 접근! 이제 무슨 이야기를 하는지 확실히 들을 수 있게 됐….
주 욱
좌 아 악
…….
…….
1927년 덴마크 코펜하겐 대학교
어…? 여긴 와 봤던 곳 같은데….
합쳐진다는 말 좀 조심히 써!
난 이상한 사람들을 추적하고 있었는데...

너희들은 누군데
내 방에서 떠드는 거니?
이 여자아이의 복장은
마치 우주복 같구나.
엇! 닐스 보어?
이분이 보어
교수님이구나!
하하, 금세 날
알아보는구나. 내가 좀
유명하긴 하지.
그런데 예전보다 많이
늙으셨네요.
휘잉
좌절
내… 내가
그렇게 늙어
보이니?
아, 아뇨!
1913년에 찍으신
사진보다는
나이 들어 보인다는
이야기예요….
410nm 434nm 486nm 656nm
급화색
아~,
그럼 그렇지!
1913년이면 아직
한창 젊을 때니…
그땐 원자 모형
연구에 열중하고
있었지.
네, 수소 스펙트럼을 분석해서
원자의 구조를 알아낼 수
있었다고 말씀을…
?
꼬집

…하셨죠! 논문에서!
그랬구나
내가 원자 모형을 발표한 뒤로 전 세계의 과학자들이 원자의 구조를
앞다투어 연구했어.
원자 안의 전자는
파울리와 하이젠베르크의 원리를 따라요.
파울리의 배타 원리 하이젠베르크의 불확정성 원리
오, 제법이구나.
그리고 전자의 운동은 파동 방정식으로 설명할 수 있지.
파동 방정식 파울리의 배타 원리 하이젠베르크의 불확정성 원리
슈뢰딩거 교수님의 파동 방정식이죠?
그래.

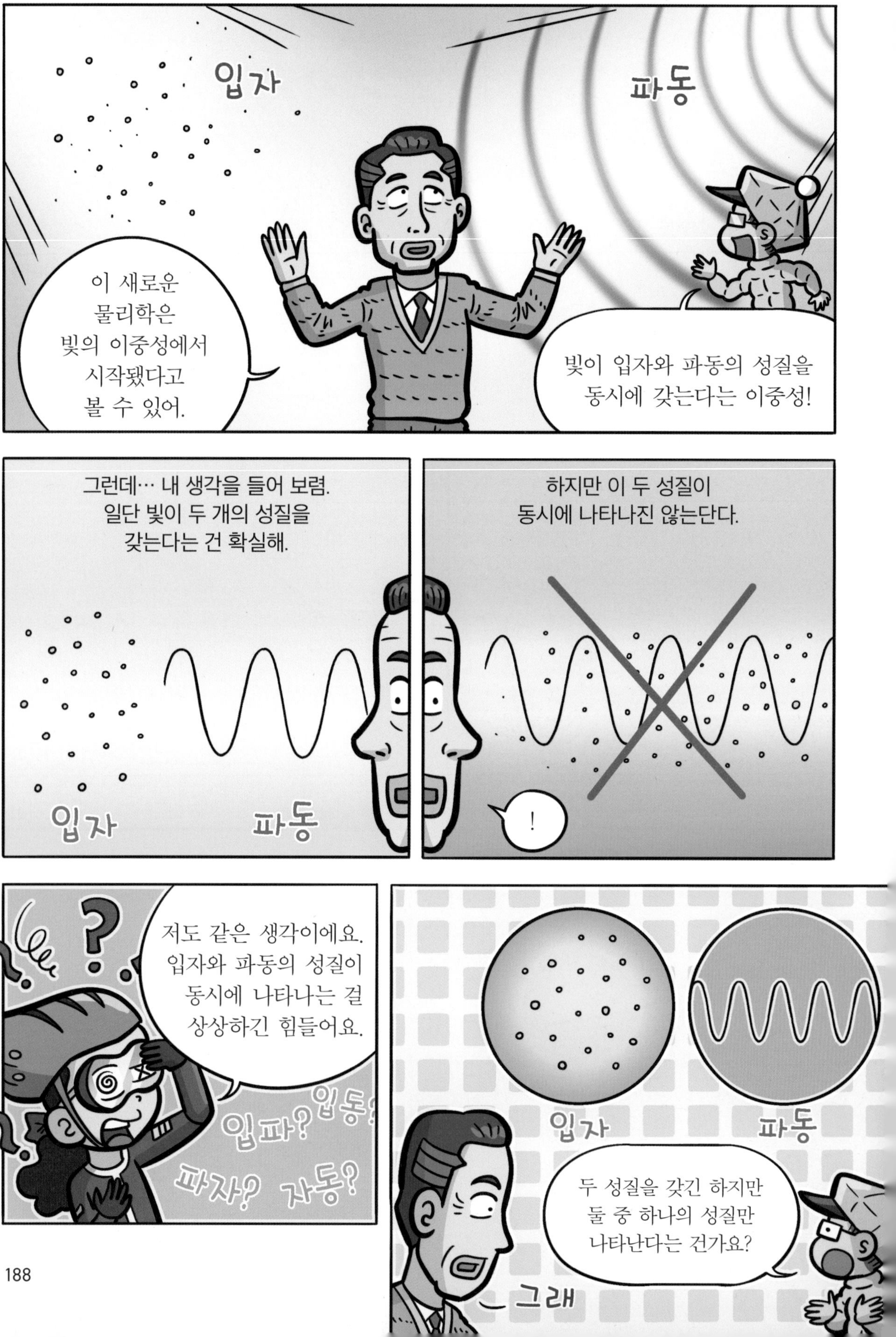

입자
파동
이 새로운 물리학은 빛의 이중성에서 시작됐다고 볼 수 있어.
빛이 입자와 파동의 성질을 동시에 갖는다는 이중성!
그런데… 내 생각을 들어 보렴. 일단 빛이 두 개의 성질을 갖는다는 건 확실해.
입자
파동
하지만 이 두 성질이 동시에 나타나진 않는단다.
!
저도 같은 생각이에요. 입자와 파동의 성질이 동시에 나타나는 걸 상상하긴 힘들어요.
입파? 입동?
파자? 자동?
입자
파동
두 성질을 갖긴 하지만 둘 중 하나의 성질만 나타난다는 건가요?
그래

하지만 원자를 구성하는 입자들의
상태를 알기 위해서는…
원자
입자
파동
!
두 가지 성질을 모두 고려해야 하지.
아…
어려워….
실은 물리학자들도
잘 모르는 게 아닐까?
구체적으로
말하면….
간섭이나 회절을 이용한
실험을 할 때는 빛이 파동의 성질을
나타내고
광전 효과 같은 실험을 할 때는
빛이 입자의 성질을
나타낸다는 이야기야.
빛
전자
음극
양극
V
A
그럼 어느 실험을
하느냐에 따라
입자성이 나타나기도
하고, 파동성이
나타나기도 한다는
건가요?
그래.
성질이 실험에 따라
달라진다니….
그렇다면 실험을 하는
과학자들이
신이라는
건가!

어찌 됐든 난 수상한 두 사람의 비밀을 캐러 가야겠어.
톡
주욱
좌 아 악
악!
꿱!
내가 왜 여기 있는 건데?!
깽
깨깽
네가 왜 거기 있는 건데?!

오오,
이제 잘 타네?
손도 놨는데!
와~!
묘기 중인가 봐~!
자전거 달인인가?
하 밥!
쨔 밥!!
하하
호호
차, 찾았다!
수상한 커플!
왈 왈
왈
믹스!
야, 야!
김민서가
해냈어!
자전거를
탔다고!
해 냈 어 . . .
덜 덜
와 짝 짝
짝

10화
논쟁은 과학의 핵심!
어, 정다운! 이런 데서 다 만나네~?
어, 김민서! 여긴 웬일이야?
속닥 속닥
그냥 보자고 하지, 왜 우연히 마주친 척 쇼를 해야 하는데?
속닥 속닥
겨운이가 자꾸 의심하고 염탐하니까… 들키면 위험해.
하여튼 이거 말이야….
뭔데?

초청장
기간 : 1927년 10월 24일~29일
장소 : 브뤼셀 솔베이 생리학 연구소
특별 강연 : 닐스 보어
초청장?
응, 저번에 보어 교수님 만났을 때 받은 거야.
!
그럼 어느 실험을 하느냐에 따라 입자성이 나타나기도 하고, 파동성이 나타나기도 한다는 건가요?
그래.
얘들아, 잠깐만! 곧 솔베이 회의가 열리는데…
너희도 꼭 오거라.
?
어, 이게 뭔데요?
톡

아, 돌아오기 직전에 받았던 거구나.
아까부터 계속 따라오던데, 혹시…?
초청장이었어.
자세히 좀 보자.
내 잘못이 아냐! 난 아무 짓도 안 했어!
촤아악
혹시 이 초청장 때문에?
…….

1927년
10월 24일,
벨기에 브뤼셀
여기는 연구실이 아닌데?
사람들이 모여 있어.
얘기 들었어? 이곳 벨기에로 아인슈타인이 온다고 하는군!
퀴리도 온대!
막스 플랑크!
보어도 온다는데?
뭐... 뭐야 전설들이?
보어 교수가 양자역학에 대한 강연을 한다는군!
아~, 나도 가고 싶다!
아! 여기가 솔베이 생리학 연구소인가 봐.
초청장에 써 있는 곳….

그나저나 믹스, 너 많이 침착해졌다?
…….
웬일이래?
서당개 3년이면 풍월을 읊고, 시간 이동 개 14개월이면 포기를 배운다.
산은 산이요 물은 물이로다
똑
신문에서도 솔베이 회의를 대서특필했어.
우와, 신문이 한글로 보이네.
어?
내 초청장을 보고 왔구나! 잘 왔다~.
확
보어 교수님!
너희들은 매번 복장이 참 특이하구나?
우릴 기억하는데?
속닥
그러게….

솔베이 회의가 뭐길래 저희를 초청하신 거예요?
벨기에의 기업가 에르네스트 솔베이가 만든 최초의 물리학 학회란다.
세계의 유명한 물리학자들이 참석해 최신 물리학에 대해 의견을 나누는 학술 대회야.
최신 물리학이라면… 양자역학?
그래.
보어! 곧 회의가 시작되네! 들어가지.
네!
앗! 저분은 막스 플랑크?
너희들도 어서 따라오렴.
네.

!
NO! DOG!
!
왜 개는 안 되는데? 여긴 파리도 들락거리는구먼! 동물권 침해로 고소하겠어!
앵
왈!
샥
육포
헥헥!
살랑 살랑
넌 옆방 대기실에서 기다리렴!
휙
참 단순한 녀석이라니까….
자, 여기가 회의장이다!
와!

우와, 우리가 그동안 만난 과학자들이 다 있네!

저분들도 보어 교수님처럼 우릴 기억할까?
글쎄? 예전에 페르미 교수님을 다시 만났을 때 외에는….
괜히 긴장
그럼 한번 시험해 보자.
어?
슈뢰딩거 교수님!
?
슈뢰딩거의 고양이는 살았나요, 죽었나요?
어? 넌 작년에 연구실에서 만났던 꼬마구나!
네~, 민서예요.
헉, 기억하잖아?
어? 넌 3년 전쯤 내 연구실에 찾아왔던 꼬마… 남자 친구는 같이 안 왔니?
어? 파울리 자네도 이 아이를 알고 있나?
배타 원리의 파울리 교수님! 걘 제 남자 친구 아니에요!

너도 왔구나!
안녕
하세요?
또 뵙네요
그런 관계
아니라니까요!
남자 친구
왔네!
너희들은 얼마
전에 본 김민서,
그리고 정… 다운?
불확정성의
원리!
하이젠베르크
교수님!
하이젠베르크,
이 아이들은 누구…
엇, 너희들 왔구나!
반물질의
디랙 교수님!
내가 널 어디서
봤더라?
!
4년 전 연구실에서
본 꼬마 맞지?
콤프턴 산란의
콤프턴 교수님!
이분은 잘
모르겠는걸.
혼자 시간 이동 할 때
만났던 분이야.
속닥
속닥

못 보던 친구인데, 다운이 네 여자 친구니?
아니라고요!
아니에요 NO!!!
……
아니 과학자란 사람들이 내 사생활에 왜 이리 관심이 많은 거야?
그렇게 흥분하며 부정할 것까지야….
물질파 이론의 드브로이 박사님!
그 고슴도치 같던 강아지는 안 왔니?
파동 함수를 확률로 해석한 보른 교수님!
호수에서 스케이트 타던 아이들?
양자론의 창시자 플랑크 교수님!
세상에!
너무 오래돼서 기억이 가물가물
그리고 광전 효과와 상대성 이론의 아인슈타인 교수님!
…….

다들 이 아이들을 알고 있는 거야?
이 녀석들, 나름 유명하네?
제가 초대했습니다.
앗, 저분은 퀴리 교수님?
안녕하세요, 퀴리 교수님!
응? 그래
샤
처음 보는구나. 반가워요~.
네…! 정말 뵙고 싶었어요.
보어 교수가 부른 걸 보니 보통 아이들은 아닌 것 같구나.
여… 영광일 따름이에요!
뭘 영광까지~

존경하는 학자 여러분!
제5차 솔베이 회의에 오신 걸 환영합니다!
짝
짝
짝
짝
오늘 저는 저명하신 학자분들을 모시고 '양자역학의 해석'에 대한 생각을 나누고자 합니다.
지금까지 정리된 양자역학의 결론을 이야기하시려나 봐.
첫 번째! 입자의 상태는 파동 함수에 의해 결정되며
파동 함수는 확률로 해석될 수 있습니다.
확률? 글쎄… 신은 그런 짓을 허용하지 않아….

두 번째! 모든 물리량의 측정 결과는 관측의 영향을 받습니다.
그렇지! 관측을 어떻게 하느냐에 따라 측정 결과가 달라지지!
세 번째! 위치와 운동량 같은 서로 한계를 가지는 물리량들은…
에너지
운동량
위치
시간
하이젠베르크 교수의 불확정성의 원리에 따라 동시에 정확히 측정하지 못합니다.
$\Delta x \Delta p \geq \frac{\hbar}{2}$
끄덕
네 번째! 전자와 같은 입자들은 입자의 성질과 파동의 성질을 '상호보완적(상보적)'으로 가집니다.
즉, 두 성질을 모두 갖지만 그것들이 동시에 나타나진 않습니다.
입자
파동
입자면서 파동

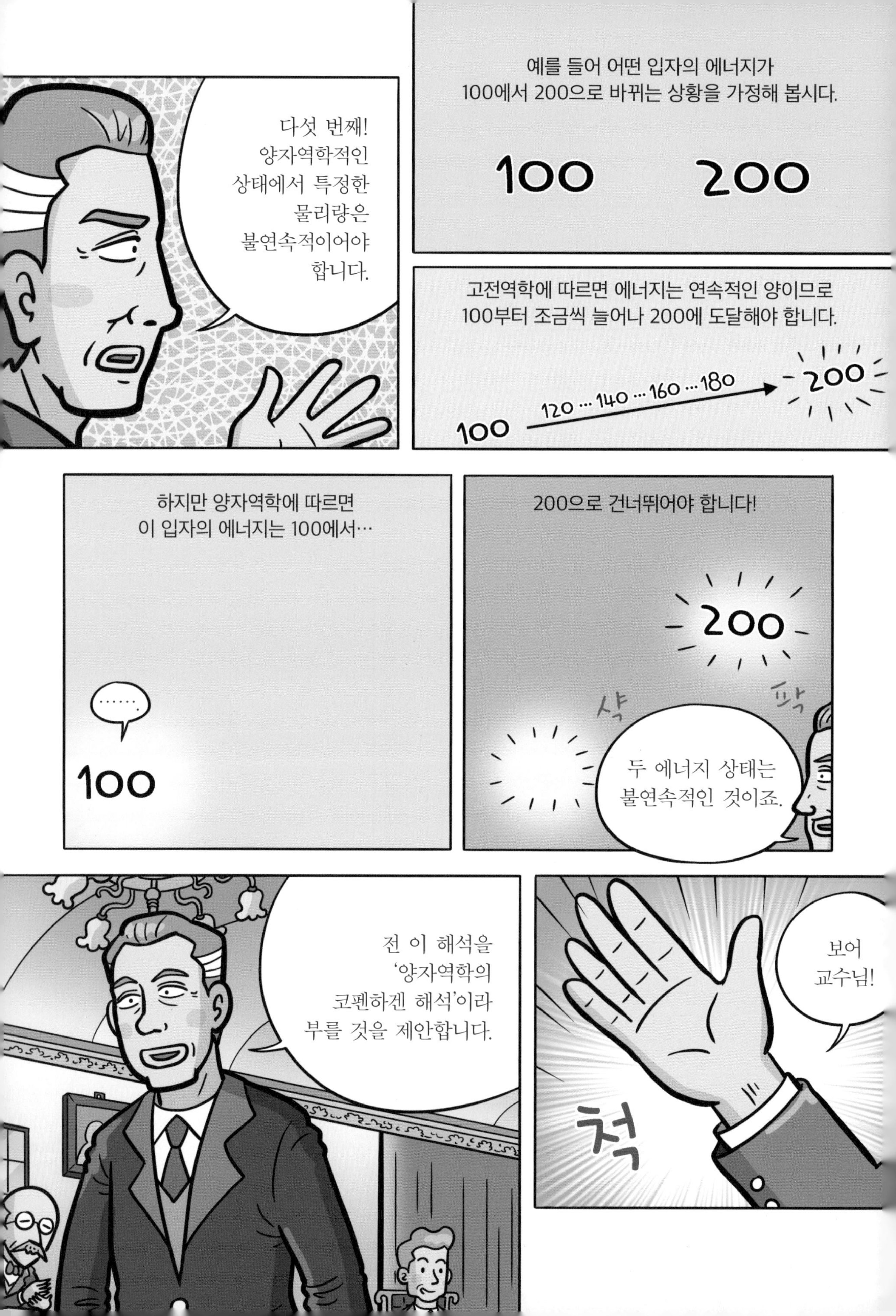

다섯 번째! 양자역학적인 상태에서 특정한 물리량은 불연속적이어야 합니다.
예를 들어 어떤 입자의 에너지가 100에서 200으로 바뀌는 상황을 가정해 봅시다.
100
200
고전역학에 따르면 에너지는 연속적인 양이므로 100부터 조금씩 늘어나 200에 도달해야 합니다.
100
120 … 140 … 160 … 180
200
하지만 양자역학에 따르면 이 입자의 에너지는 100에서…
…….
100
200으로 건너뛰어야 합니다!
200
샥
팍
두 에너지 상태는 불연속적인 것이죠.
전 이 해석을 '양자역학의 코펜하겐 해석'이라 부를 것을 제안합니다.
보어 교수님!
척

전 입자와 파동의 상보성에 대해 인정할 수 없습니다. 입자의 상태를 확률로만 알 수 있다는 것도 말이 안 됩니다.
쿵
아인슈타인 박사님 말씀이 맞습니다!
아닙니다. 코펜하겐 해석은 틀림 없습니다.
웅성
웅성
…….
아인슈타인 교수님, 빛이나 전자가 입자와 파동의 성질을 모두 갖는 건 맞습니다.
하지만 이 두 가지 성질은 절대 동시에 나타나지 않습니다!
빛이 입자와 파동의 성질을 동시에 갖는다는 건 이미 밝혀진 사실이오!

자연 현상은, 원인이 있고 그에 따른 결과가 나오는 '인과법칙'으로 설명해야 합니다!
…….
자연 현상이 확률로 결정된다고? 있을 수 없는 일이오!
원자처럼 아주 작은 세계에서는 입자의 상태를 확률로밖에 알 수 없습니다!
입자의 상태는 인과법칙에 근거해 정확히 예측되어야 합니다!
신은 미래를 결정하기 위해 주사위 놀이를 하지 않소!
신에게 이래라저래라 하지 마십시오!

아인슈타인 교수님, 보어 교수님! 누가 맞는지는 좀 더 연구해 보면 알겠죠?
벌떡
정다운 끼지 마!
물리학자 파울 에렌페스트
자 자, 아이의 말처럼 그만 싸우십시오… 구약 성경에도 이런 말이 있지 않습니까?
"신께서 지구 상의 언어를 모두 다르게 만드셨다!"
이 말처럼 각자 생각이 다를 수 있는 겁니다.
얼마 후
와, 정말 후끈한 논쟁이었어요!
이 논쟁 때문에 두 분이 멀어지지 않으면 좋겠어요….

허허! 그럴 일은 없을 게다. 과학은 이런 논쟁이 있어야 발전하는 법이니까….
물론입니다.
히히! 지금은 뜻이 정말 잘 맞으시네요. 그럼 저희는 가 볼게요….
샤
샤
이번 시간 이동은 우리가 말하지 않았는데도 시작됐어.
그러게. 이 초청장 때문인 것 같아….
너와 내가 동시에 초청장을 잡아서 그런 거야.
그런가? 그럼 그동안 과거에서 가지고 온 물건들을 한번 이용해 보자.
나중에. 지금은 운동할 거야.
…….

정말 쥐도 새도 모르게 이동했군.
벌써요?
샤 샥
무슨 초청장을 받고 자신들도 모르게 이동했다는데?
그럼 우리도 초청장을 받으면 시간 이동을 할 수 있겠네요~.
무슨 소리야! 누가 우리를 초청….
자, 잠깐! 정말 그 방법을 쓸 수 있을지 몰라!
역시 나쁜 인간들이었어!
둥
서서히 다가오는 음모의 그림자…! 염탐꾼들은 과연 누구일까요?
그들의 정체는 다음 권에서 밝혀집니다!
계속

솔베이 회의, 누구의 주장인가?

제5차 솔베이 회의가 개최되었습니다.
참석자들이 왁자지껄 토론하고 있어서 말소리가 잘 구분되지 않아요.
누가 어떤 말을 하고 있는지 선을 이어서 알려 주세요!

막스 보른

닐스 보어

물질은
입자와 파동의 성질을
모두 갖지만,
어느 실험을 하느냐에 따라
둘 중 하나의 성질만
나타난다.

파동 방정식을 푼 결과인
파동 함수는
확률로 해석해야 한다.
즉, 입자의 상태는
확률로밖에 알 수 없다.

알베르트 아인슈타인

루이 드브로이

입자의 상태는
확률로 결정될 수 없다.
따라서 지금의 양자역학은
불완전한 이론이다.

빛뿐 아니라
전자 같은 물질도
파동의 성질을 가진다.

정답은 214쪽

정답

야옹야옹~

빈칸을 채워 달라냥!

솔베이 회의, 누구의 주장인가?

두 가지 게임으로 즐기는
과학자 캐릭터 카드

첫 번째 게임 하나 둘 셋! 누가 이겼을까?

카드를 조합해서 점수가 가장 높은 사람이 이기는 게임!

1. 카드를 잘 섞어서 똑같이 나눠 가지고, 자기만 볼 수 있게 손에 듭니다.
2. 모든 참가자가 "하나 둘 셋!"을 외치며 동시에 카드를 내려놓습니다. 조합할 수 있는 카드가 있으면 두 장, 없으면 한 장을 내려놓을 수 있습니다.

3. 점수가 가장 높은 카드를 내려놓은 사람이 탁자 위의 카드를 다 가져갑니다.
4. 게임을 계속 진행하다가 한 사람이 모든 카드를 가져가면 그 사람의 승리로 게임이 끝납니다!

두 번째 게임 누구누구? 캐릭터를 맞혀라!

캐릭터의 표정과 행동을 흉내 내서 누군지 맞히는 게임!

1. 카드를 잘 섞어서 똑같이 나눠 가지고, 자기만 볼 수 있게 손에 듭니다.
2. 참가자끼리 순서를 정합니다.

3. 자기 차례가 되면 손에 든 카드 중에서 하나를 골라 표정과 행동을 흉내 냅니다.

4. 다른 사람들은 어떤 카드인지 맞히고, 가장 먼저 맞힌 사람이 그 카드를 가져갑니다.
5. 게임을 계속 진행하다가 한 사람이 카드를 모두 잃으면 게임이 끝납니다. 카드를 가장 많이 모은 사람이 승리!

카드가 많을수록 게임을 더 재미있게 할 수 있겠죠? 4, 5권의 과학자 캐릭터 카드도 기대해 주세요!

초등학생을 위한 양자역학 ③

1판 1쇄 2020년 7월 27일
1판 7쇄 2024년 6월 1일

기획 어린이과학동아
그린이 홍승우
지은이 이억주
감수 최준곤
펴낸이 김정순
편집 조장현 허영수
디자인 김진영
마케팅 이보민 양혜림 손아영

펴낸곳 (주)북하우스 퍼블리셔스
출판등록 1997년 9월 23일 제406-2003-055호
주소 04043 서울시 마포구 양화로 12길 16-9(서교동 북앤빌딩)
전자우편 henamu@hotmail.com
홈페이지 www.bookhouse.co.kr
전화번호 02-3144-3123
팩스 02-3144-3121

ISBN 979-11-6405-075-8 64420
ISBN 979-11-6405-064-2 (세트)

* 해나무는 (주)북하우스 퍼블리셔스의 과학 브랜드입니다.
* 초등학생을 위한 양자역학 시리즈는 어린이과학동아에서 연재된 '다운이 가족의 생생 양자역학'을 단행본으로 엮은 것입니다.

어린이제품 안전특별법에 의한 기타표시사항
제품명 도서 | **제조자명** (주)북하우스 퍼블리셔스 | **전화번호** 02-3144-3123
주소 04043 서울시 마포구 양화로 12길 16-9(서교동 북앤빌딩) | **제조년월** 2024년 6월 1일 | **사용 연령** 11세 이상